# 金属板材精密裁切100问

叶明德　编著



北　京
冶 金 工 业 出 版 社
2022

## 内 容 简 介

本书从大量疑难问题中，精选出100多个常见的与生产实践密切相关的问题进行了深入浅出的阐述，系统地讨论并解答了金属板材精密裁切加工中的基本原理、概念、工艺、技术、设备和产品质量控制等问题。内容紧密联系生产实际，操作性和实用性强，是生产一线人员的良师益友。

本书可供金属板材裁切加工企业的工人、技术人员 、管理人员阅读，也可供职业技工学校、大专院校有关专业的师生参考，同时可作为企业对职工应知应会普及培训的参考书。

**图书在版编目(CIP)数据**

金属板材精密裁切100问/叶明德编著．—北京:冶金工业出版社，2010.6(2022.1重印)

ISBN 978-7-5024-5271-1

Ⅰ.①金… Ⅱ.①叶… Ⅲ.①板材轧制—问答 Ⅳ.①TG335.5-44

中国版本图书馆CIP数据核字(2010)第077542号

**金属板材精密裁切100问**

**出版发行** 冶金工业出版社 **电　话** (010)64027926
**地　址** 北京市东城区嵩祝院北巷39号 **邮　编** 100009
**网　址** www.mip1953.com **电子信箱** service@mip1953.com

责任编辑 张登科 美术编辑 彭子赫 版式设计 葛新霞
责任校对 石 静 责任印制 禹 蕊
北京虎彩文化传播有限公司印刷
2010年6月第1版，2022年1月第3次印刷
787mm×1092mm 1/32；5.25印张；102千字；152页
**定价20.00元**

**投稿电话 (010)64027932 投稿信箱 tougao@cnmip.com.cn**
**营销中心电话 (010)64044283**
**冶金工业出版社天猫旗舰店 yjgycbs.tmall.com**
(本书如有印装质量问题，本社营销中心负责退换)

# 序

古人云："工欲善其事，必先利其器"，又云"磨刀不误砍柴工"。这些极富哲理的警句，是我们中华民族的祖先，历经多少朝代传承下来的千古遗训。尽管时代的变迁已到了今天，但读起来仍是回味无穷，令人深思！本书作者紧紧环绕这一主题，从多个方面阐述了精密圆刀及其工具对发展整个金属板材加工行业的重要性，又是一个极有说服力的例证。

众所周知，随着我国国民经济的长期稳定、快速地发展，以及家用电器的日益普及，极大地刺激了我国金属制品行业的发展，而金属制品业的发展，又促使它自身在工艺理论、装备水平、企业管理、生产规模、质量要求及产品品种更新等方面发生了巨大变化。如级进模集合了以前需要多台冲床才能完成的落料、拉伸、成形、切边等工序，大大地提高了产品质量和劳动生产率，改进了交货周期，减少了生产场地、资金和人员的占用。而精密焊管又极大地满足了市场对大直径薄壁管的需求，减少了能耗和生产成本，使特殊规格的小批量生产成为可能。而这一切都要求带材两边不带毛刺，带宽公差正确，料卷松紧正好，两侧面光滑平整。也正是这一原因，在过去10年中，无论是钢铁、有色金属，还是变压器、汽车、管材等行业，都增添了许多金属分条设备。紧跟这一行业的发展，许多专为金属制品业提供带材的服务中心、分条设备和相关工具的制造商，也纷纷应运而生；与此同时，大量进口的分条机和工具也同步进入我国市场。由于行业发展过快，在这一行业工作的不少负责人、工程师、采购人员、操作人员对设备的选型、工具的采购、管理和使用，以及如何进一步满足市场需求和降低生产成本等多方面还没有一个全面而综合的了解，他们还有许多问题等待摸索和解决。

本书作者在这一行业里工作十几年，深知该行业的潜力和他们的需求。为此，作者把他在过去多年中，在与国内外设备和工具制造厂商密切接触中所积累的经验和知识，以及在与客户接触中所获得的经验和他们的关切，从“工欲善其事，必先利其器”这一中心思想出发，围绕着“圆刀和相关工具”的工作原理及实践，以金属板材精密裁切100问的形式，编写成这本完整的书奉献给他长期工作的行业，这对同行的工作者是很有帮助的，对我国金属板材加工业的发展也将具有一定的促进作用。

希望大家能喜欢这本书。

北京科技大学　教　授
中国金属学会　常务理事

2010年3月

# 前言

在10年前，一个很偶然的机会使我进入了机械刀片行业。原以为机械刀片是机械制造行业中最简单的零件，但涉足之后方才发现它并不简单。它除了和刀片本身材料的研制、热处理和磨刀加工工艺有关外，它还和所服务的各行各业，如印刷、木业、橡塑、造纸、食品以及金属板材的加工工艺密切相关。此外，为提高所服务行业产品质量和降低生产成本，它在管理上也有很大的特殊性。因此，机械刀片看似简单，入门门槛很低，但却有着极其丰富的内涵，绝不能予以小觑，尤其是金属薄板精密裁切行业中的圆刀、胶圈和垫片，其精度要求之高，加工难度之大，真是非常人所能想象。作者在过去10年中，常陪德国刀具公司——爱凯思公司的同事访问客户和参加有关的全国性技术交流会，走访了我国许多应用企业。我发现许多客户单位的领导、工程师和操作工们对德方专家所介绍的世界上的新刀具、新理念都表现出极大的兴趣。与此同时，我也发现，不少单位的工程师和操作工们在解决实际问题中也有着极丰富的经验和进一步的企盼。为此，我萌生了一个想法：为何不把世界上那些先进的用刀理念和国内厂家非常有用的实践经验总结成书面材料，让全行业的同仁们来共享这些知识，从而推动整个行业的发展呢？这就是我编写此“100问”的初衷！

本书中的原理篇和基础篇都十分通俗，目的是为同行更好地理解精密圆刀的裁切原理和实际操作提供一些基础理论知识，不作为研究之用。而对操作篇中的某些实例，不同的人们有不同的解决方法，答案也肯定不是唯一的，作者只是抛砖引玉，希望共同探讨，共同提高。

本书在编写过程中,曾得到了北京科技大学韩静涛教授,我在德国爱凯思公司工作时的同事 Dr. Thomas Klumpen、Mr. Peter Welp、沈文总监、杨威和吴国梁先生、许洁小姐，以及用户中极有经验的竺小勇、陈兴、葛允春、赵越等先生的大力支持和帮助，在此表示衷心的感谢！

由于本人的知识和经验毕竟有限，挂一漏万，不妥之处在所难免，万望读者指正。

作　者

2010年3月20日

# 目录

# 一、原理篇

## 1. 金属板材精密裁切的基本原理是什么？

本书所述的金属板材裁切，主要是指滚剪（又称圆盘剪、辊剪）。滚剪的过程和剪切机理较复杂，其剪切质量与被切板材的材质、厚度、硬度、滚切刀外径和刃口锋利度密切相关，很难用一个完整的公式来解析。尽管有学者采用经验公式来分析滚剪的力学过程，但人为的修正因素很多，随意性较大。本书仅以定性方法解释几个主要参数的重要性。图 1 给出了圆刀滚剪的原理。

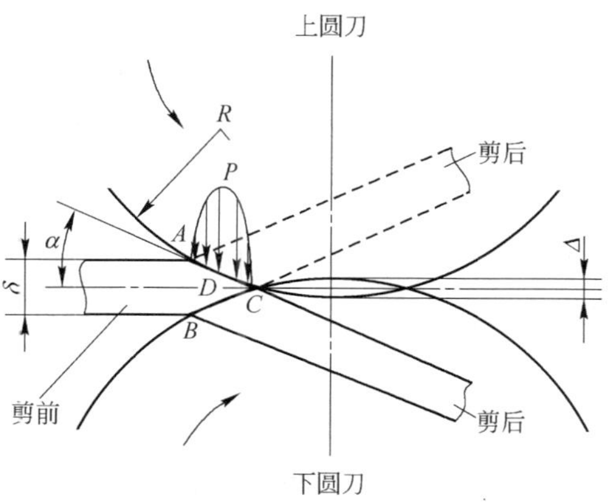


图 1　金属板材滚剪原理图

图中主要参数的物理意义为：

（1）剪切段 $AC$：指板材表面与圆刀第一接触点 $A$ 至上下圆刀重叠区的交点 $C$ 相连后的直线段。

（2）剪切力 $P$：板材和圆刀在 $AC$ 段所受的作用力。由图 1 可见，剪切力 $P$ 在整个 $AC$ 段内的分布是不均匀的。在圆刀咬入钢板阶段，板材受压并产生塑性变形，剪切力从零开始逐步增加，达到材料的剪切强度（强度极限，或材料断裂的门槛值）后，钢板开始发生断裂。随后因断裂扩展所需的动力大大低于裂纹形成的动力，即扩展剪裂的作用力比形成剪裂所需的力要小，且随着板材被剪后相连部分面积的减少，所需的剪切力逐渐下降，直至板材被完全剪断，剪切力又返回零位。因此，钢板的滚剪总需经历“咬入、变形、滑移、剪断”的过程。

（3）咬入角 $\alpha$：指剪切段 $AC$ 和被切板材中心线的夹角。其两倍值，工程上称剪切角。咬入角 $\alpha$ 增大，剪切力 $P$ 所产生的水平分力也就会增大。如果此水平分力大于钢板的进料力，板材要么打滑，要么在圆刀前拱起来而无法剪切。但咬入角 $\alpha$ 减小，刀片的直径就会增大，分条机的尺寸也会增大。因此，如何平衡咬入角 $\alpha$、刀片直径 $D$、材料厚度 $\delta$ 及下面我们将提到的重叠量 $\Delta$，必须参照已有设备的参数和实际工况而定。

（4）重叠量 $\Delta$：指上下圆刀的重叠量。在刀片直径 $D$、材料厚度 $\delta$ 已定的情况下，重叠量 $\Delta$ 的变化也会影响咬入角 $\alpha$。但其影响不在于能否剪断板材，而在于剪切质量的优劣、毛刺的大小、刃口磨损快慢的问题。若圆刀内外圆偏心过大，为保证板材被圆刀外圆全部剪切，重叠量Δ势必增加，这将带来较多的负面因素，由此可见刀片加工几何精度的重要性。当板材厚度增加到一定数值时，为减小咬入角，上下圆刀的重叠量会逐渐减少，到转折点零后，上下两刀开始脱离，成为负值，并从反方向增加。

为进一步说明剪切过程，我们从板材的进料方向来分析其机理。因为板材剪切需经“咬入、变形、滑移、断裂”等阶段，故板料在“咬入和变形”阶段是剪切过程，但在“滑移”阶段，是其被拉断的过程。由于这种拉断作用，在板材横断面的下部，形成了一个7°~8°的后角。而上部则是剪切区，参见图2。若水平间隙选择得当，板材被拉断时不会出现因间隙过大时而产生的大毛刺，或间隙过小时因板材严重挤压而产生的二次剪切丝状毛刺。若剪切质量好，则剪开和拉伸两个区的相贯线应是一条很理想的直线。

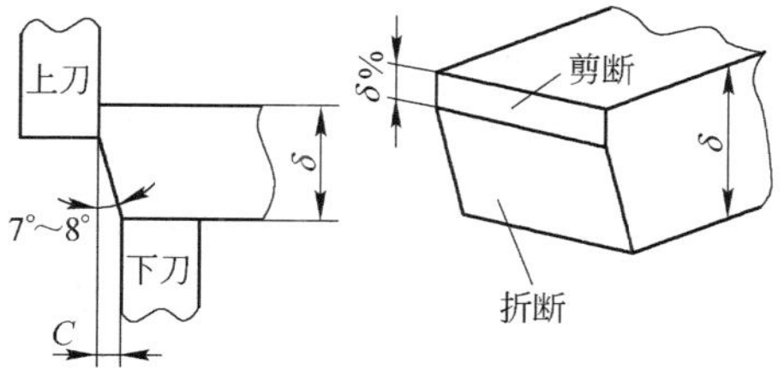


图2　金属板材剪切原理的正视图

对不同材料而言，剪断面中剪断厚度和拉断厚度的比例与材料自身特性密切相关。一般而言，硬料剪断比例小，而软料剪断比例大。有关剪断比例的具体数值、水平间隙和材料的关系，在操作篇中将会有更详细的介绍。

在了解金属板材的剪切原理后，我们知道：上下圆刀间的水平间隙、重叠量、咬入角对于剪切过程的建立和剪切质量的优劣是非常重要的参数。本书所述的一切，以及我们与全行业的同仁们所努力的一切，就是围绕上述参数的精确性和一致性而展开的。

## 2. 圆盘剪和厚箔剪在裁切原理上的差别?

圆盘剪和厚箔剪除了在裁切的厚度上有很大的差别外，两者在原理上有着根本的不同。顾名思义，厚箔剪是剪较厚的箔材（最厚也是箔），称为铝箔铜箔的厚度大约在 0.02 ~ 0.1mm 之间。这种剪切方式完全起源于纸张复卷机或分切机上的纵剪。它的上刀是一把中间略凹，形成裁切后角的碟形刀，下刀是一把凹形的，有较大后角的圆柱形底刀。在弹簧或小气缸的作用下，碟形上刀紧压在圆柱底刀的平面上时，就形成了剪切单元。这种剪切有两个特点:

（1）上下刀间没有水平间隙，但有侧向压力。

（2）在剪切过程中，板材没有任何支撑，从而无法平衡上下刀的剪力和剪切力矩，因而会对带料边部造成破坏。

这两个特点不会对纸页产生任何影响，因为纸页基本没有刚性，但它对厚金属箔料会有影响。因此，对有些裁切厚度在 0.05 ~ 0.1mm 过渡区域中的企业，正逐步将传统的厚箔剪改造成圆盘剪。和厚箔剪相比，圆盘剪的裁切方式是完全不同的：

（1）上下圆刀没有后角，没有侧向压力，但互相间有水平间隙，以容纳裁切时边部的微小变形。

（2）板料的上下基本上都有橡胶环托住，平衡上下刀在剪切时产生的剪力和剪切力矩，避免板料的大幅变形。

图 3 是两种裁切方式的示意图。

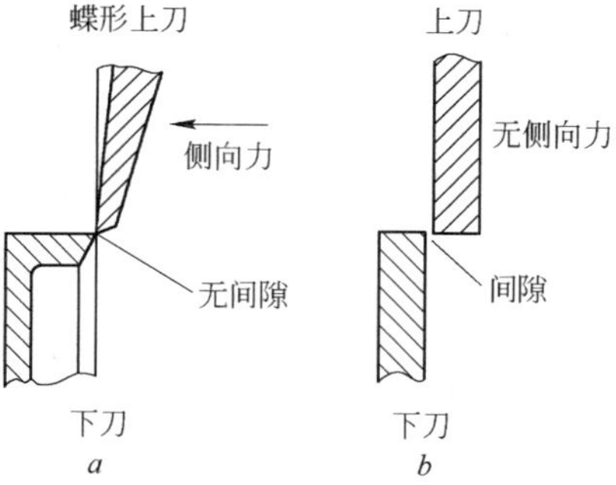


图 3　厚箔剪和圆盘剪在裁切原理上的主要差别

*a*—厚箔剪；*b*—圆盘剪

## 3. 分条机上下轴的裁切单元为何要用雌雄交替的配置方式?

在金属裁切行业，人们常会提到雄刀、雌刀。这种提法其实并不科学。因为对一把圆刀的同一条刀刃而言，它可以是处在雄刀位置的刀刃，也可以是处在雌刀位置的刀刃。而科学的提法应是雄刀单元的刀刃，或是处在雌刀单元位置的刀刃。

在每台分条机上，每切一条金属带材，就需要一个雄刀单元和一个雌刀单元在上下刀轴上对应地置放。而要切多条时，雄、雌刀单元则在上下轴上交替地置放。只有这样，上下刀的剪力在水平方向上的分力才能互相抵消，避免轴承受较大的轴向力。下面哪种置放方式对分切纸卷是没问题的，而对裁切金属板材是错误的：一方面因裁切金属的力远比纸张大，另一方面是这些大剪力在水平方向上的分力会沿各自上下轴的轴向重叠起来，大大增加了轴承的额外负载。虽然这种排列也能把金属带料切下来，但在金属行业的圆盘剪中都不采用。图 4 为这两种布置方式的示意图。

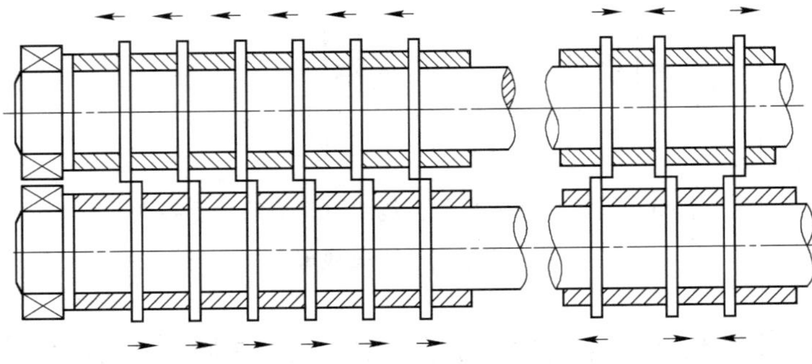

图 4　裁切单元顺序布置和交替布置的示意图

## 4. 裁切单元的组成和作用是什么？

每个裁切单元的理论宽度应是要裁切带材的额定宽度加上两侧的间隙。除少数分条机外，它基本上由三种工具和一个参数构成：刀片、橡胶圈（环）、薄间隔与定距环（片）

和间隙。图 5 是裁切基本单元的示意图。

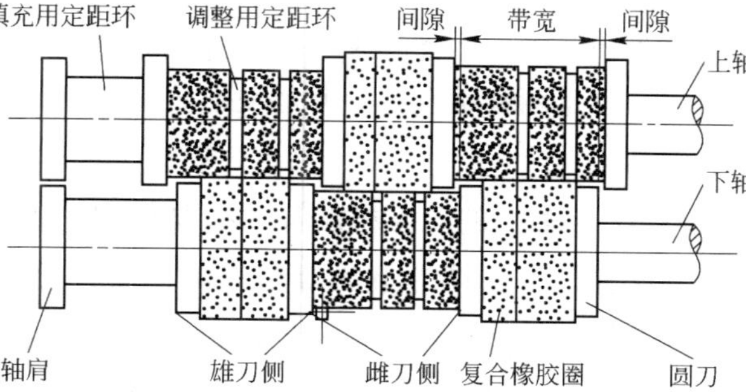


图 5　裁切基本单元组成示意图

间歇放在雌刀侧的裁切单元，它们的构成如下：

（1）雄刀单元由刀片、橡胶环、薄间隔环（片）所构成；

（2）雌刀单元由橡胶环、薄间隔环（片）和间隙所构成。

有的企业喜欢将间隙放在雄刀侧，以保证获得带宽总是为负公差的带材，其雌、雄刀两个单元构成如下：

（1）雄刀单元由刀片、橡胶环、薄间隔环（片）和间隙所构成；

（2）雌刀单元由橡胶环、薄间隔环（片）所构成。

三种工具和间隙的作用如下：

（1）圆刀的作用主要是裁切金属板材，它另一个重要作用是构成部分带宽，保证带宽尺寸及其公差的重要部分。圆刀的厚度还取决于最窄的条宽；太厚的刀无法裁出窄带来，而太薄的刀又会影响刀片的刚性。因窄料往往也是薄料，所以有的用户常会备上两组厚度不同的刀片，让薄刀裁切厚度较薄的窄料。

（2）橡胶环，它有两种形式：一种是套在铁芯上的松式橡胶环，另一种是两者结合在一起的复合式橡胶环。橡胶环的作用如下：

1）利用上下轴上的雌、雄胶环，把要裁切的钢板在裁切区内紧紧压住，平衡掉上下圆刀在裁切时形成的剪力矩，不使钢板在裁切时扭曲变形。对较薄的板料，无论是雄刀单元还是雌刀单元，都要将两刀内侧之间的空间垫满。

2）利用雌、雄胶环和刀片外圆间微小的外径差，把裁切好的金属板条从两片雌刀间，推出上下圆刀组成的裁切区，避免雌刀侧面对它的干扰，从而形成波浪边。

3）它还可用来向前传递金属板料，帮助裁切。

4）复合橡胶隔离圈的铁芯同样用来构成部分带宽，并保证其公差。

复合橡胶隔离圈的制造工艺比较复杂，价格也较贵；在刀片用钝后重磨时，它必须同时重磨。因此复合橡胶隔离圈的厚度规格不多，常为 5mm，6mm，7mm，8mm，9mm，10mm，20mm，40mm，80mm 等宽度。4mm 以下很少见，因太薄而容易脱胶。不同宽度的胶环主要用来配置带料的宽度，如 $5+6=11$，$5+7=12$，$5+8=13$，$5+9=14$ 等。其他配法也可以。雄刀单元的复合橡胶环只要一组，但雌刀单元的橡胶环常要多组，以适应不同材料厚度的需要。

（3）薄间隔环（定距环），它是保证整个裁切系统间隙精确的最重要环节。它的名义尺寸都在0.01mm一级，但也可到0.005mm一级。它的厚度公差为±0.001mm，甚至于±0.0005mm。由于精度高，所有宽度都可由许多具有不同小数尾数的薄间隔环配出来。可以说，这样高精度的薄间隔环，即使5片叠在一起，其累积误差比其他精度差的一片薄间隔环的误差还要低。间隔环的作用按尺寸大小可分为三种：

1）带百位小数的定距环，如1.01mm，1.02mm，1.03mm，1.06mm等，主要用来满足配置间隙的要求。

2）带个位小数的定距环，如1.1mm，1.2mm，1.3mm，1.6mm，2.0mm等，主要用来满足配置带宽的要求。

3）无小数的定距环，如2mm，3mm，5mm，6mm，10mm，20mm，40mm，80mm等，主要用来满足配置带宽和填充最外侧两把刀和轴肩及液压锁紧螺母之间的空间。它的需要量按刀轴有效长度减去最窄原始带卷宽来考虑。

定距环的搭配主要是利用1，2，3，6等个位数字叠加后可演变出许多其他数字的原理。如：

1.01+1.03=2.04、1.02+1.03=2.05、1.01+1.06=2.07、1.02+1.06=2.08、1.03+1.06=2.09

1.1+1.3=2.4、1.2+1.3=2.5、1.1+1.5=2.6、1.2+1.5=2.7、1.3+1.5=2.8、1.3+1.6=2.9

最多利用4片高精度定距环，可搭配出尾数从0.01~0.99mm间的任何数字来。为尽可能避免薄间隔环上无橡胶所形成的空间对带料的影响，如有多片薄的定距环，就要分开放在复合橡胶隔离圈之间。由于薄间隔环的价格较低，而且可永远使用，因此也有些用户在裁切非常精密薄板时将定距环的宽度系列设计成 1.01mm，1.02mm，1.03mm，1.04mm，1.05mm，1.06mm，1.07mm，1.08mm，1.09mm，1.1mm，1.2mm，1.3mm，1.4mm，1.5mm，1.6mm，1.7mm，1.8mm，1.9mm。这样一来，尽管费用高一些，但最多只要两片薄间隔环，就可演变出尾数从 0.01～0.99mm 间的任何数字来。

（4）间隙，它是精密裁切的核心，也是构成裁切宽度的重要参数。间隙取决于材料的厚度和拉伸强度，一般在 5%～12% 之间，但也可大到 25%。愈薄愈软的材料在裁切时愈容易产生毛刺，因此对间隙要求愈精确。所以间隙的增量要很小，有的甚至要精确到 0.0025mm，以方便调整。

## 5. 金属薄板精密裁切的刀具和工具为何需要十分精密？

金属薄板精密裁切需要精密刀具和工具的目的有两个：

（1）要在裁切的任何时刻，任何位置都要保持间隙的精确性和它的恒定性。这是金属薄板精密裁切的核心问题。具体而言，间隙问题涉及以下几个方面：

1）名义间隙。圆刀在裁切板带时的间隙要随其材质、硬度、厚度而定。对某些薄料，它们甚至于需要微米级精度的间歇。如厚度为 0.08mm 的硬铝板，就需 0.0048mm 的间隙，如只有以丝级（0.01mm）精度为单位的间隔环，那是无论如何也无法满足上述的间隙要求。虽然对大部分的金属薄板的精密裁切，间隔环的厚度尺寸必须达到丝级（0.01mm）精度，但对超精密薄板裁切，间隔环必须达到微米级的精度。

2）动态间隙。圆刀的裁切是属于360°旋转的滚剪，滚剪时，上下圆刀在接触区组成的间隙，随两片圆刀的转动而不断地变化。如两片圆刀制作得绝对正确，那间隙应是恒定的，不会有变化，但一旦制作得不正确，那两片圆刀在转动时，其近外圆处的平面就会发生横向飘移，从而造成间隙的变化。如两片圆刀的端面跳动是5μm，而方向又相反，那两刀间的间隙最大可达0.01mm，最小可达0mm。这对上例0.08mm硬铝板所需0.0048mm的名义间歇，误差简直达到100%，那是绝对不允许的。在这种情况下，如刀具的精度再差一些，那两片刀还会产生咬刀的现象。所以，为了保持动态间隙的恒定，必须对圆刀设置形位公差。对金属板带的精密裁切，其平面度，包括端面跳动必须在2μm以内。

3）间隙的累积误差。除少数用于预剪的分条机外，大多数分条机的裁切条数都远超过2~3条。国内条数最多的分条机可达81条。如上所述，每切一条，工具就需一个雄刀单元和一个雌刀单元，而每个裁切单元一般都由3~5片，甚至6~7片的圆刀、橡胶环、间隔片所组成。现举一个最常见的例子来说明间隙的累积误差的重要性：如果我们切的条数只是5条，而每个单元只由4片工具组成，那么上下轴上都只有20片左右工具。而所购工具又十分精密，形位公差都为“零”，厚度误差均在±1μm以内。因考虑工具置放的随机性，我们假设上轴上的工具厚度都是“+0.5μm”的，而下轴上的工具都是“-0.5μm”的。在这种情况下，那么在切最后一条带材时，上轴的最后一把刀就偏过操作侧的标准位置10μm，而下轴上的最后一把刀就未到操作侧标准位置10μm。两者一进一出，其间隙就达到了0.02mm。对薄料而言，这样的间隙误差实在太大了。但如果所切的条数是20条，裁切单元中的工具数是6片，那么由此造成的累积误差就达到了0.12mm。这样的间隙怎么能切精密薄板呢？更糟的是：如果上轴上的工具厚度都是“-0.5μm”的，而下轴上的工具都是“+0.5μm”，那么两把刀就会在上轴下刀时互相接触，这就是所谓的“咬刀”。如发生“咬刀”，不仅产品会切不好，刀具也会被损坏。

从以上分析中可看出，即使工具的精度如此之高，也会碰到间隙的累积误差问题，我们还要采用其他方法来消除它的累积误差。如果工具的厚度误差和形位公差不好，甚至于很差的话，任何人都没有办法将它们组合成一个个精确的裁切单元来裁切精密薄板。因此，为了消除间隙的累积误差，所有工具，包括圆刀、橡胶环、间隔片和厚度公差都要足够的精密。在目前，国外的某些企业，如德国IKS Klingelnberg已能制造出厚度公差在±0.5μm以内，平面度和平行度已达到1μm以内的工具。

4）第一间隙。顾名思义，第一间隙是由上下刀轴各自靠近刀轴轴肩的第一把刀所构成。如果刀片做得很精密，但上下刀轴的轴肩互相有错位，那么原先理想的每条带材两边的间隙都会发生变化，一边变大，另一边变小。在现场裁切时就会很有规律地表现出来，每条带材的一边裁不断，另一边有严重的毛刺。常有些分条机制造商，他们没有能力把这一问题在机器出厂前解决好，这就需用户自身关切这一问题，靠精密刀具制造商提供的薄间隔环来调整好第一间隙的正确性。

（2）要使被切带材的宽度能符合公称尺寸及其公差的要求。为了保证金属带料下游产品的质量，除边部毛刺和带料平面弯曲之外，用户常对被切带材的宽度提出很高的要求。对制作管子的带料，如其宽度不均匀，它所卷出的管子的焊缝就会变化过大，焊出的质量自然就差。对做高级酒酒瓶的瓶盖，如其宽度不均匀，带料要么会在级进模中卡死、断料，从而影响生产，要么就会在级进模中晃动，影响瓶盖的质量。

从这两个目的出发，我们的裁切工具必须做得十分精密，有时还要能达到超精密。

## 6. 用于薄板精密裁切的刀具和工具究竟要精密到什么程度？

为适应用户的需要和自身制造能力的水平，市场上刀具的精度大约分成三个档次。最差的精度在 0.01mm（即 10μm）左右，其次是在 0.005mm（即 5μm）左右，而最好的大约是在 0.002mm（即 2μm）以内。从目前而言，世界上还只有少数几家企业才能制作出精度稳定地处在 2μm 以内的刀具。表1是德国爱凯思（IKS Klingelnberg）公司常规产品的精度水平。

**表1　德国爱凯思公司常规产品的精度水平**

| 外圆/mm | 厚度公差/mm | 平行度公差/mm | 平面度公差/mm | | | | | |
|---|---|---|---|---|---|---|---|---|
| | | | 厚度范围/mm | | | | | |
| | | | <1 | 1~2 | 2~3 | 3~5 | 5~10 | >10 |
| <150 | ±0.0010 | 0.002 | 0.03 | 0.003 | 0.003 | 0.002 | 0.002 | 0.002 |
| 150~250 | ±0.0010 | 0.002 | 0.03 | 0.005 | 0.003 | 0.002 | 0.002 | 0.002 |
| 250~420 | ±0.0020 | 0.002 | 0.05 | 0.01 | 0.005 | 0.002 | 0.002 | 0.002 |
| 420~600 | ±0.0250 | 0.005 | | | 0.05 | 0.02 | 0.01 | 0.01 |
| 600~700 | ±0.1000 | 0.050 | | | | | | 0.05 |

可能有读者会问，为何在平面度公差中，愈厚的环，其平面度愈高？这是因为薄环在生产和使用中容易变形；愈薄的环愈难制造。但薄环的不平度并不影响配刀精度。只要平行度好，薄间隔环在锁紧螺母或液压螺母强大的轴向压力下都会被压平的。但厚环不容易被压平，也不容易变形，所以对它的平面度要求就要高一些。

对某些裁切条数特别多，精度要求特别高的客户，正如前文所说，德国爱凯思公司还能提供厚度公差在±0.5μm，平行度和平面度能达到1μm的刀具。

精度越高的工具，其价格自然就越贵，因此客户要根据自身的需要来选择不同精度的工具和刀具。如确要精密裁切多条金属带材，那就必须花大价来购买高精度刀具，如切厚板，那就没有必要选高精度刀具。

## 7. 工程上“1μm”是什么意思?

在工程上，1μm = 0.001mm，为了让众多操作者更直观地了解“1μm”的概念，这里附上一张常见物品尺寸对照图和对照表，以帮助技术人员了解“1μm”的精确程度，以及了解在工作中防锈，防尘的重要性，见图6和表2。

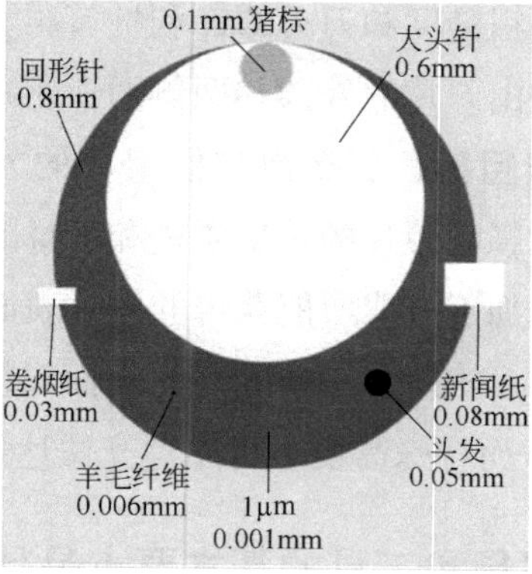


图6 微米（1μm）的精度形象图

**表2 各种物品尺寸对照表**

| 物　品 | 尺寸/mm | 是1μm的倍数 |
|---|---|---|
| 精密圆刀厚度公差 | ±0.001 | 2 |
| 羊毛纤维直径 | 0.006 | 6 |
| 卷烟纸厚度 | 0.03 | 30 |
| 人发直径 | 0.05 | 50 |
| 新闻纸厚度 | 0.08 | 80 |
| 猪棕直径 | 0.1 | 100 |
| 大头针直径 | 0.6 | 600 |
| 回形针直径 | 0.8 | 800 |

# 二、基础篇

## 8. 怎样选择刀具和有关工具的表面粗糙度?

刀具的表面粗糙度和刀刃的锋利性有很大的关系，因为圆刀的刀刃就是由刀片的外圆和两侧面所组成的。如果外圆和刀的侧面都很粗糙，那么由它们组成的刀刃就变成了锯刃，这会严重地影响刀片的裁切质量和本身的寿命。

图7是不同加工方式所能获得的刀具表面粗糙度照片。

对精密刀具、橡胶圈、间隔环的表面粗糙度，一般要求为 $Ra = 0.2\mu m$，而特殊需要，可用抛光法达到 $Ra = 0.1\mu m$。

## 9. 制造精密刀具和工具的基本要点是什么?

客户在选择刀具供应商时，除价格和刀片的精度之外，还应在以下几个方面来考察供应商在刀具制造方面的能力。只有这样，才能真正保证供应商所承诺的刀片精度和工作寿命的可靠性。

(1) 材料的选择范围。因为客户所加工的材料十分广泛，有铜、铝、铜铝合金、碳钢、不锈钢、硅钢片，还有软态和硬态之分，因此他们对刀片的锋利性、耐磨性、耐冲击性或折中性都有不同的要求，所以还要看供应商在刀片材料磨削：$R_a$=0.4μm，在200倍放大镜下的粗糙度情况：

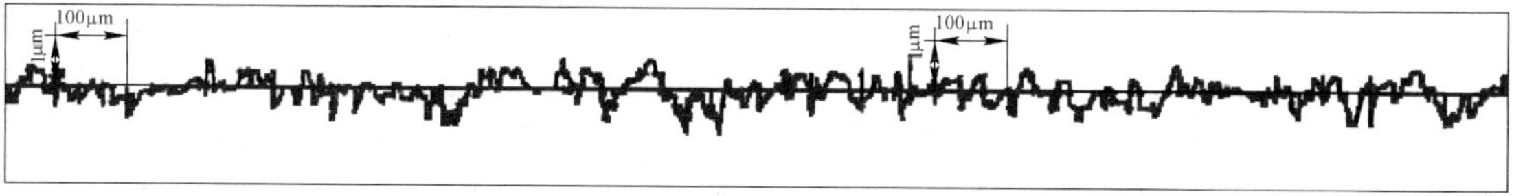


研磨：$R_a$=0.2μm，在200倍放大镜下的粗糙度情况：

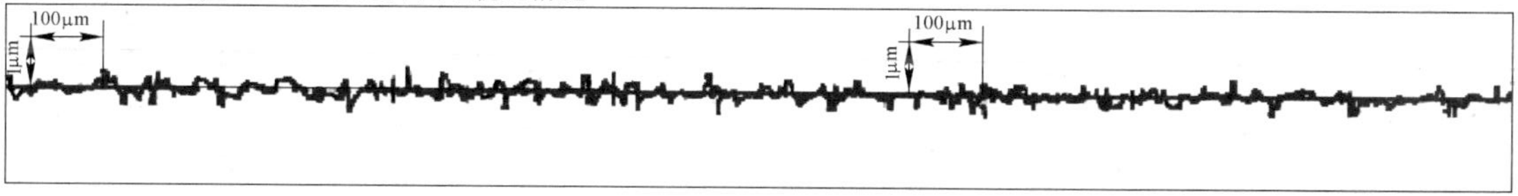


抛光：$R_a$=0.1μm，在200倍放大镜下的粗糙度情况：

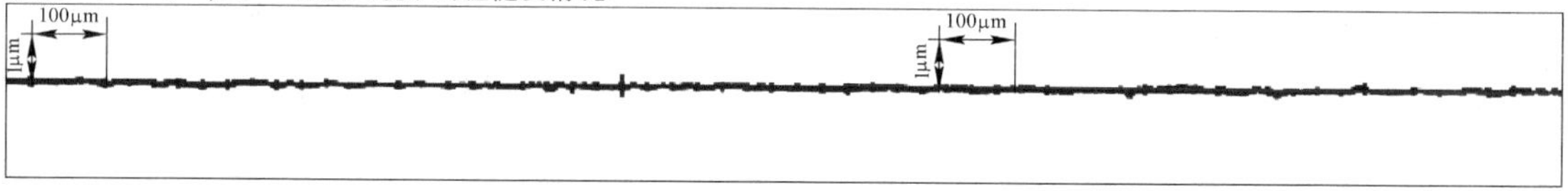


图 7　在 200 倍放大镜下不同加工方式所能获得的刀具表面粗糙度照片

牌号方面，及其毛坯形态能否让客户有充分选择的余地。

（2）加工设备。看供应商是否有精密的外圆磨床、内圆磨床、超精密转台平面磨床、大直径双端面研磨机。这些都是加工精密刀片最后成品的最关键的设备。

（3）热处理。对精密刀片一定要采取真空热处理的方式。因为真空热处理能避免脱碳层的产生，保证刀刃的永久锋利。另外，真空热处理能使刀片快速和均匀地淬火，保证刀片硬度均匀，并使刀片内应力减小，避免刀片在使用过程中和重磨后的逐步变形。

（4）检测。看供应商是否有恒温室，以及有否精密的厚度、圆度、偏心度、平行度、平面度、硬度等方面的测量仪器，是否有完整的检测记录。

（5）管理。在考察供应商时，其管理方面也是一个极为重要的因素，看现场是否清洁，物流是否通畅、合乎逻辑，堆放有否工位器具。

由于是精密，甚至于是超精密的零件加工，以上这些都反映了供应商及他们负责人对加工这些刀具的观念、态度、认识和手段。如这方面都不及格的话，那么他们怎么能加工出好的刀片来?!

## 10. 为何完美的热处理过程是制造高质量刀片的关键?

因为只有完美的热处理才能使有关金属元素的化合物充分转化它们的金相组织,发挥其性能。图 8 和表 3 非常直观和详细地描绘了全部热处理过程中金属化合物金相组织的变化过程。

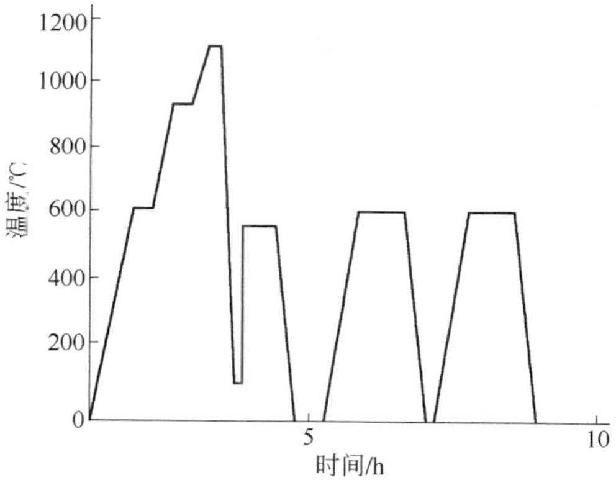


图 8　精密圆刀热处理加热冷却曲线

**表 3　热处理过程中金属化合物金相组织的变化过程**

| 热处理程序 | 处理前 | 淬火后 | 第一次回火 | 第二次回火 | 第三次回火 |
|---|---|---|---|---|---|
| 奥氏体 | 100% | 35% | 10% | 无 | 无 |
| 脆性马氏体 | 无 | 65% | 25% | 10% | 无 |
| 无应力马氏体 | 无 | 无 | 65% | 90% | 100% |

## 11. 怎样选择制造刀具和工具的材料，选择刀具材料的原则是什么？

有不少用户对刀片材料的性能和功能的了解往往并不全面。其实任何一种材料都有优缺点，不可能面面俱到。有的材料耐磨性好，但耐冲击韧性差；有的材料耐冲击韧性好，但耐磨性差。实际上，刀片的失效形式有两种：一是自然磨损，它和材料耐磨性密切相关；二是局部有崩口，它和材料耐冲击韧性密切相关，因此用户一定要按自己的需要来选择刀片的材料。图9是一些典型刀片材料的耐磨性和耐冲击韧性的对照图，它们的性能差别很大，并且价格也大相径庭。图10是它们的使用寿命（纯磨损）对照图。

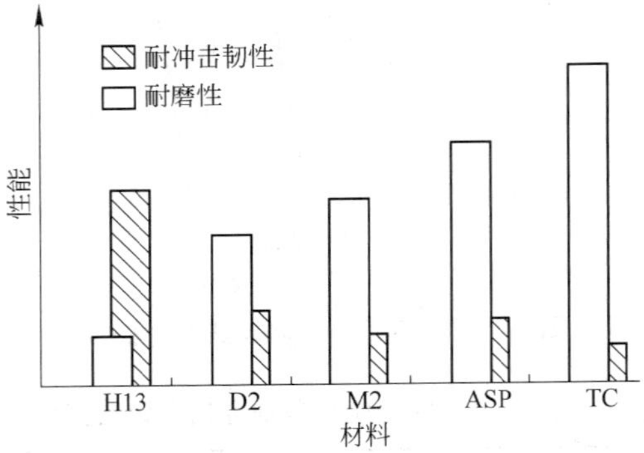


图9　一些典型刀片材料的耐磨性和耐冲击韧性的比较

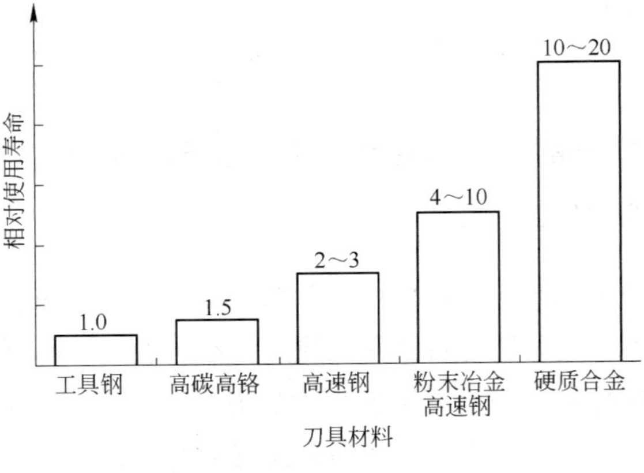


图10　某些刀具材料的使用寿命对照

## 12. 在国内市场上有哪些常用的刀具材料？

为方便用户选择，我们把一些特别常用的材料介绍如下：

（1）H13。这种材料有较好的耐冲击韧性，但锋利性不好，因此它适用于热轧厚钢板的纵横切。

（2）HMK。为了进一步提高 H13 的耐磨性和剪切效率，某钢厂在 H13 的基础上发展了新的剪刃钢种，这就是 HMK。除 Cr 以外，HMK 中还含有 V、Nb、W、Mo 等多种金属元素。它们能形成高硬度的碳化物，同时也能阻碍奥氏体晶粒长大，从而使奥氏体晶粒细化。因此，由这种材料做成的刀具有很高的耐冲击韧性，而且还有很高的红硬性、热强性和耐磨性。经使用证明，它的使用寿命比 H13 高 50%，被剪钢板的强度比 H13 提高 40%。

（3）模具钢 Cr12MoV。对模具钢而言，他的耐冲击韧性和耐磨性都不是最佳的，但也不是最差的，均处于中等状态。因此它适用于一些厚度范围和品种跨度较大的材料的裁切，并且特别适用于一些专门从事为他人裁切各种金属板材，包括碳钢板、不锈钢、铜、铝薄板等材料的服务中心。对某个特定企业而言，混剪是最令人头痛和要不得的，但在迫不得已的情况下，模具钢制成的刀折中性好，能起一种独特的适应作用。

（4）高速钢 HSS（W6Cr5Mo4V2）。从制造角度而言，高速钢 HSS 分成两种，一是按传统方法冶炼轧制的，另一种是用粉末冶金的方法压制而成的。后者在锋利性、可加工性、耐冲击性等诸方面都很好，但价格也不菲。高速钢圆刀的刀刃坚硬，能加工硬料，但普通高速钢的韧性较差，因而它常用于板形较好的不锈钢薄板的裁切。但粉冶高速钢能适应厚不锈钢板料的裁切。但因其价格昂贵，规格不全，材料利用率低而使它的使用受到了限制。两者之间更详细的差别将在后文予以介绍。

（5）硬质合金 TC。由于硬质合金中含有大量的钨，因而由它制成的刀的刃口特别锋利，也特别耐磨。因此对板形好的薄板，它的使用寿命特别长。但它的缺点是耐冲击韧性特别差，又加上实际生产中不可能始终有这么理想状态的板料，稍有一点不正常情况，刀刃就会产生一个崩口，从而在料带边部产生结点，使产品等级降低。就是这个小崩口，不仅使刀片的正常寿命降低，也使重磨费用大为增加。如崩口过大，那么一把十分昂贵的刀就会报废。这也就是硬质合金圆刀不能在金属裁切行业广泛使用的原因。目前，硬质合金圆刀被大量使用于变压器行业中冷轧硅钢片的裁切。为增加硬质合金圆刀的耐冲击韧性，其配方中的钴含量要高，最好超过 10%，碳化钨的粒度要细，最好小于 1μm。另外，刀片要经过 HIP（高温等压）处理，使其结构更细化。

（6）轴承钢。因它在熔炼过程中脱氧除气，所以它的质地均匀，容易锻造成形，很适合用来生产胶环的铁芯和较宽的定距套。

## 13. 世界上各种刀具材料牌号有哪些?

国内的刀片市场在称呼刀具材料时比较混乱，以致常会引起用户的困惑。为方便用户了解世界上各种刀具材料牌号，我们把各种刀具材料牌号列成对照表（见表4）供读者参考。

表4 世界上各种刀具材料牌号的对照

| 中国牌号 | 美国牌号 | 德国牌号 | 日本牌号 | ISO 国际牌号 |
|---|---|---|---|---|
| Cr12MoV | D2 | 1.2379 | SKD11 | X155CrVMo12-1 |
| W6Mo5Cr4V2 | M2 | 1.3343 | SKH51 | S6-5-2 |
| W18Cr4V | T1 | 1.3355 | SKH2 | HS18-0-1 |
| W6Mo5Cr4V3 | M3 | 1.3344 | SKH52 | ASP2023 |
| 4Cr5MoSiV1 | H13 | 1.2344 | SKD61 | X40CrMoV5-1 |
| 4Cr13 | 420 | 1.4034 | | |
| GCr15 | 52100 | 1.2067 | | 100Cr6 |

## 14. 金属元素对刀具的性能有何影响?

金属元素对刀具的性能有很大的影响，这里谈到的金属元素主要有：碳、铬、钼、钨、矾、钴等元素。

碳：碳是所有合金元素中最重要的元素，它除了本身能影响钢的性能和硬度外，还能影响其他合金元素作用的发挥。

铬：铬以碳化物的形态存在钢材中，它的碳化物能影响刀片的边部质量和耐磨性。

钼：钼在钢中能形成一种很明显的碳化物，它能改善刀具在高速切削时的性能。

钨：钨在钢中可形成一种很硬的碳化物，它能改善刀具在高温时的切削性能。

矾：矾能增加刀具耐磨性、刀刃刃口的质量和高温强度。

钴：钴是硬质合金刀具中一种结合剂。钴的含量愈高，它的耐冲击韧性就愈好。

## 15. 何为粉末冶金高速钢，它与一般高速钢有何区别？

高速钢含钨量高，它在机械加工行业中以具有良好的高速切削性能而著称。高速钢因其含钨量不同，在市场上大致分为两种：一种为18/4/2，其化学成分为W18Cr4Mo2，另一种为6/5/4/2，其化学成分为W6Cr5Mo4V2，目前后者正在逐步替代前者。

高速钢有两个俗名，一称为锋钢，这是指它锋利，另称为风钢，即指它在热的时候一见风就硬，这说明它的淬火性能极快，同时也对高速钢的冶炼和热处理提出了更高的要求。如果慢了，就会影响它良好性能的发挥。

请看高速钢在熔炼后浇注到钢锭模时的过程：尽管钢锭模已被预热，但最多为300℃左右。当处于1500℃高温时的高速钢钢水浇入钢锭模时，与钢锭模内壁接触的钢水会迅速冷却并变硬，而钢锭模中间的钢水，因其周围一层高速钢还是具有一定的温度，所以只能慢慢地冷却，它的硬度和金相结构就会和周围这层高速钢不同。尽管以后重新锻打和热处理会改进这种情况，但问题仍然存在，要使其组织结构均匀就很难。这就是传统高速钢的问题。

为了改善传统高速钢的这一缺点，世界上已采用粉末冶金的办法，将处于熔态的高速钢，如同生产奶粉一般，用压缩空气将其吹成小颗粒状，然后放在有特定形状的模具中，用高压将高速钢粒子压成圆柱体或板料，然后去制造各种零件。这种高速钢称为粉末冶金高速钢。

和硬质合金相比，它在十分完美的工作环境下的正常使用寿命并不比硬质合金好，但它的耐冲击韧性远比硬质合金好，因此在使用中的实际寿命可能会比硬质合金好，因硬质合金很脆，一遇崩口就无法工作。另外，粉末冶金高速钢具有很好的加工性，它能像普通钢材一样，进行热处理和车、刨、铣、磨等机械加工，而硬质合金是做不到这一点的，这就大大节约了模具的费用。

图 11 中 4 张照片是粉末冶金高速钢和传统高速钢分别在 250 倍和 1000 倍显微镜下金相组织结构的差别。很明显，传统高速钢中的粗块物很多，它的耐冲击性肯定很差。

## 16. 一个大型钢厂需要哪些刀具?

钢厂是金属板材裁切中的用刀大户，而且同一吨钢，在不同的阶段可能要经过几次裁切。再加上钢铁生产线的制造商来自世界各地，因而刀具的品种和规格也是五花八门，无一相同。表 5 列出了大钢厂主要用刀大类，供读者参考。

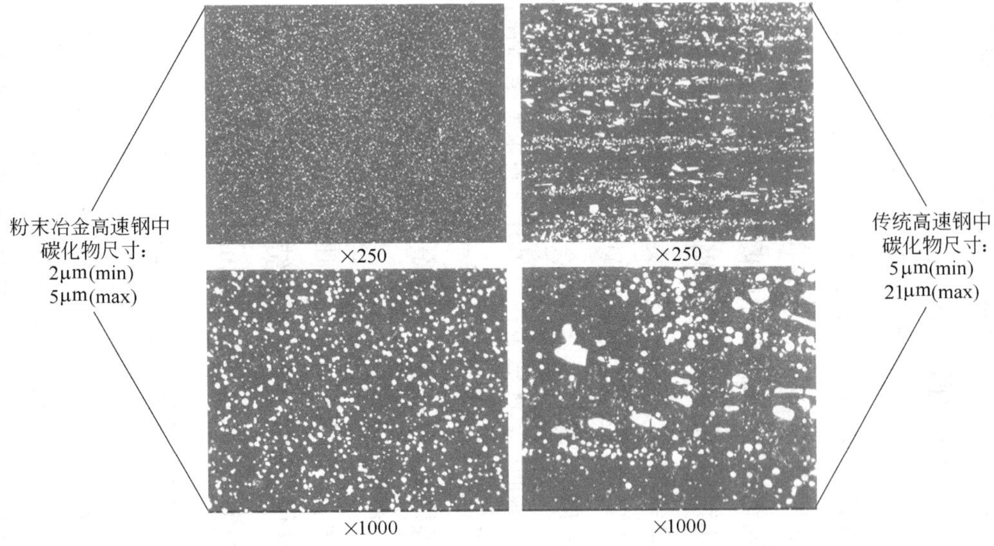


图 11　粉末冶金高速钢和传统高速钢在 250 倍和 1000 倍显微镜下的金相组织结构

**表 5　大型钢厂所需刀具大类**

| | 刀具品种 | 厚板热轧 | 卷料热轧 | 中厚板 | 酸洗机组 | 冷轧 | 精整分条 |
|---|---|---|---|---|---|---|---|
| 1 | 切头切尾上下刀（切头带弧形） | Y | | | | | |
| 2 | 切头切尾上下刀（上刀带弧形） | | Y | Y | Y | | |
| 3 | 修边圆刀 | | Y | Y | Y | Y | |
| 4 | 配套胶环 | | Y | Y | Y | Y | |
| 5 | 碎边刀（连续式和间歇式） | | Y | Y | Y | Y | Y |
| 6 | 双边剪刀（上刀带弧形） | | | Y | | | |
| 7 | 定尺剪 | | | Y | Y | Y | |
| 8 | 飞剪 | | | | Y | Y | |
| 9 | 精密分条圆刀 | | | | | Y | Y |
| 10 | 精密复合胶套 | | | | | | Y |
| 11 | 精密间隔环和套 | | | | | | Y |
| 12 | 精密隔离片 | | | | | | Y |

注：Y 表示有。

# 三、配刀篇

## 17. 在刀具购置上应考虑哪些问题？

在各金属板材厂，无论是黑色金属的厂还是有色金属的厂，常因规格和品种的变化，需要经常变更被切材料的宽度，以及根据这种材料的厚度和硬度特性来决定上下圆刀间的间隙。这就需要经常更换分条机上圆刀、复合橡胶环和定距环的配置。因此，用户在添置新的分条机时，就要根据市场的需求，来预测未来产品的规格，然后决定怎样购置第一批工具的问题。由于投资有多有少，分条机水平有高有低，产品档次、经营思路等各不相同，因此，用户常会对工具的购置产生各种疑虑和困惑。这些问题包括：

（1）买精度高的还是买精度低的刀具？买进口的还是买国产的？

（2）为适应厚度需要，究竟要买几套刀？几套胶环？

（3）为了适应不停机装刀和磨刀的需要，究竟要多配几套刀？

（4）胶环是复合式的好，还是松式的也可以？

（5）怎样尽可能少买工具，以减少工具成本，但又不影响生产和销售？

对这些问题并非几句话就能解释清楚，我们将在以后各节中逐步分析它们的利弊，但有一个概念必须是很明确的，那就是不要捡了芝麻丢了西瓜。我们的首要目标是提高产品的档次，从提高高质量产品的销售价和加工费，以及从提高劳动生产率中去获取利润，而不能靠消极地去省工具的钱来增加利润。这样本末倒置的话，那肯定会在竞争激烈的市场经济中，失去竞争力。

## 18. 在刀具的购置上有哪几种不同的思路和方式？

（1）精度较差的刀具的配置模式。先撇开由刀具的不良平行度和平面度产生刀面端跳造成的间隙变动而形成的毛刺，此处只讨论因宽（厚）度公差过大而达不到精确间隙名义值要求而形成的毛刺。这种刀具的宽度误差常在 0.01mm 左右。以裁切 0.2mm 厚金属薄板为例，它所需的间隙应为 0.02mm，那本身就有 0.01mm 宽度误差的刀具怎样能满足 0.02mm 间隙的要求呢？这和对以分币为尾数来标价的商品怎能用角币来结算，难道不是一样的道理吗？

正因如此，一些厂商就用许多塑料垫片来调整间隙，但问题是刀具的装拆很麻烦，而某个单元的调整也势必会影响其他单元的间隙，这样反复的调整往往会使操作工失去方向和信心。实际上塑料垫片厚薄不匀，整个裁切的系统无法形成足够的刚性，达不到原来的目的。如果再进行反复的调整，就会浪费许多高价的材料和有效的时间，实在是得不偿失。在没有精密刀具的时代，我们很赞赏操作者的这种责任心和创新精神，但时代已发展到连数控机床都很普及的今天，还在死抱着那样的经验和观念，作为企业领导要深思自己的策略。

（2）精度稍好的刀具的配置模式。这种刀具的宽度误差常在0.005mm左右。用这种刀具时一般可不用塑料垫片，但操作者常会害怕过多的刀片叠在一起，会使累积误差增加，因而，一般会准备很多的刀片、复合橡胶隔离圈、定距环，然后从中挑选尺寸合适的刀具配在基本单元中。这种配置方法需要大量的时间和工具库存，且效果未必能尽人意，那还不如多花些钱买精密刀具。

（3）高精度刀具的配置模式。由于这种刀具的精度都在2μm级，因此它能像机械制造厂计量室中的块规那样，随心所欲地配置出金属条带精密裁切所需的间隙和宽度。再加上软件的支持，它还能有效地消除上下两轴间所有裁切单元的累积误差。此外，由于精度高，整个裁切系统的刚性就特别好。德国爱凯思·克林贝格公司在30多年前就制造出这样高精度的圆刀，取消了塑料薄膜垫片，所以这种圆刀也叫无垫片圆刀（shimless circular slitting knife）。

## 19. 金属薄板裁切时有哪几种刀具的配置模式？

在金属加工行业中，常因材料的品种不同、厚度不同、边部要求不同而采取不同的刀具配置模式。

图12是常用的六种不同的刀具配置方式。

模式一（上排左），它在裁切的宽度内，仅在雌刀旁配

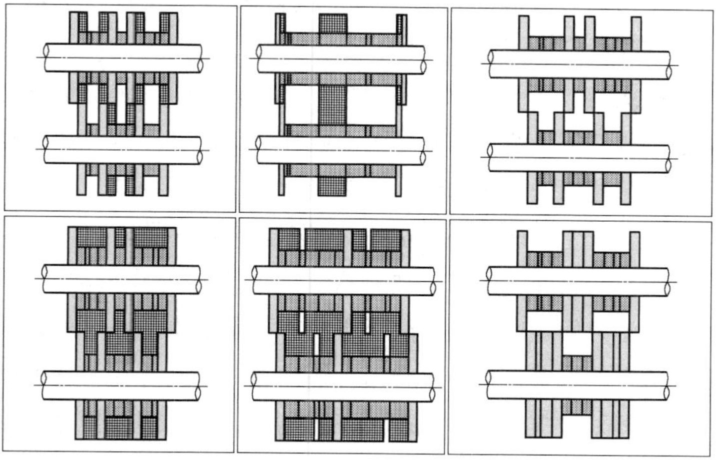

图 12　针对不同厚度和不同要求的金属板料
所采用的六种不同的刀具配置方式

备橡胶环。它适用于较窄的中厚板料的一般裁切。雌刀旁的橡胶环用来平衡剪力。裁切的宽度由刀片胶环铁芯和间隔环的厚度搭配而成。

模式二（上排中），这种形式和第一种相同，但它在带宽的中间也配备了橡胶环。它适用于较宽的中厚板的裁切。中间的橡胶环仅用来防止钢板因自重而下垂。

模式三（上排右），它在裁切的宽度内，没有配任何橡胶环。雄刀侧的宽度由刀片和间隔环组成，雌刀侧全由间隔环搭配而成。它适用于精度要求不高的中厚板的裁切。

模式四（下排左），它在裁切的宽度内，全部用橡胶环来覆盖。它适用于很薄和精度要求很高的板料裁切。雄刀侧的宽度由刀片、胶环铁芯的厚度搭配而成，雌刀侧全是胶环，其间没有任何薄间隔环。

模式五（下排中），它在整个裁切宽度内，无论是雄刀侧还是雌刀侧，绝大部分是由橡胶环覆盖的，但有几片调整间隙和带宽用的薄间隔环。这是最常见的裁切模式，这些薄间隔环会产生一些极小的空间，但不会影响产品质量。

模式六（下排右），雄刀侧宽度由多片刀片搭配而成，相应的雌刀侧宽度全由间隔环组成。两者之差的一半就是间隙。这样的配置，也称组合刀。请注意，这些叠在一起的圆刀的外圆差最多只能差3μm，不然的话，其外圆差便会印到产品表面上去。

## 20. 用户在购买成套工具前需提供哪些参数?

对某个用户而言，他对自身工具需求的了解是十分肯定。但近年来，金属薄板裁切行业发展很快，刀具供应商在刀具配置方面有许多新工具、新思路、新经验可供客户参考。此外，刀具供应商在和其他用户接触过程中了解到许许多多成功的或失败的例子对客户同样有参考价值，因此，建议用户在买刀时一定要和刀具供应商共同探讨，让他们充分了解自身的需求和刀具供应商的能力和可能性，从而找出一个最经济和最适合的方案来。

由于分条圆刀的配置和投资有很大的关系，因此用户需在充分的市场调查后正确定位自己的需求。如果要求过高会增加投资，而要求过低，则会在将来对满足多种裁切规格时带来困难。

客户在购置精密刀具时所需提供的数据主要是：

（1）裁切材料的厚度范围。最厚和最薄厚度，是决定间隙的重要参数，从而决定刀具、薄间隔环的精度和设置。另外，它也是决定雌刀侧胶环组数和不同刀厚组数的重要参数。

（2）裁切材料的卷料宽度范围。最宽和最窄卷宽，是决定宽间隔环宽度和数量的重要参数。

（3）裁切时的最多条数。最多条数是决定刀片、胶环、薄间隔环厚度和数量的重要参数。

（4）裁切材料的拉伸强度。拉伸强度是决定刀片材料和硬度的重要参数。

（5）对未来带料宽度增量的要求，如是0.01mm，还是0.1mm，0.5mm，1mm等。宽度增量是决定薄间隔环设置的重要参数。

（6）对间隙的增量要求，如是0.0025mm，还是0.005mm，0.01mm等。间隙的增量也是决定薄间隔环设置的重要参数。

（7）刀轴的有效长度（从轴肩到锁紧螺母）。刀轴的有效长度也是决定在卷宽变化时，上下刀轴需要多少宽间隔环来填充空档的重要参数。

（8）刀具间隙设置在哪一单元，设在雄刀单元还是雌刀单元？这涉及带料裁后的宽度。如间隙设置在雄刀侧，那么裁出的带料就较窄，常处于负公差。此时，刀片的名义厚度可能会有意减少 0.01mm，0.02mm；此外，薄间隔环的规格和数量也可能会发生很大的变化。

（9）工具在刀轴上的定位方式。以轴肩定位还是以分条机中心定位，它的优缺点会在另一节中加以说明，但对刀片供应商而言，它会影响软件的设计。

## 21. 配刀的基本思路和原理是什么？

为使读者容易了解配刀的基本思路和原理，我们先举个实例，并从单个雄刀和雌刀单元谈起。无论是手工配刀或软件配刀，其基本思路和原理都是相同的。

试配出切厚度为 0.2mm 不锈钢，其带料宽度为 58.77mm 时所需的工具。

现假设：刀厚 5mm，胶环厚有：5mm，6mm，7mm，8mm，9mm，10mm，20mm，40mm 多种，间隔环有：1.01mm，1.02mm，1.03mm，1.06mm，及 1.10mm，1.20mm，1.30mm，1.60mm 等多种，间隙设在雌刀侧。

（1）雄刀侧：

方法：先从带宽中扣掉两把刀的厚度。再设法用薄间隔环将带宽中的小数去掉，最后再考虑胶环。

第一步：带宽 58.77mm，在扣去两把刀宽共 10mm 后，剩下宽度是 48.77mm。

第二步：用 1.01mm，1.06mm，1.10mm，1.60mm 四片薄胶环组成 4.77mm。

第三步：48.77mm 在扣去 4.77mm 后就剩下 44mm，那

就全是由胶环所组成了。我们可选：6mm，8mm，10mm，20mm四片胶环，它们相加就是44mm，雄刀侧的配刀任务完成。

（2）雌刀侧：

第一步：先决定间隙。对0.2mm厚的不锈钢带料，我们取间隙为厚度的10%，即单侧间隙为0.02mm，两侧相加为0.04mm。因间隙加在雌刀侧，所以两片雌刀侧的距离为带料的宽度加上两侧间隙，即：58.77 +0.04 =58.81mm

第二步：用1.01mm，1.2mm，1.60mm三片薄胶环组成3.81mm。

第三步：58.81mm在扣去3.81mm后就剩下55mm，那就全是由胶环所组成了。我们可选：5mm，10mm，40mm三片胶环，它们相加就是55mm，雌刀侧的配刀任务完成。

## 22. 怎样确定一套刀轴中刀片的数量？

为裁切最多条数而需的刀片数量公式是：数量 = 最多条数 ×2 +2。如最多要裁20条，那刀片的需求数 =42片。但这毕竟是切最多条数时最起码的刀片数量。在实际生产中，有条件的话希望尽量多订些刀，这对预防刀片损坏，延长橡胶圈的使用寿命，降低生产成本，统一外圆尺寸都很有好处。

## 23. 怎样确定宽胶圈（环）的数量？

对20mm以上的环，如40mm，50mm，80mm，100mm等，因需要它们的带料会因宽度增加而数量减少，因此这些宽胶环要根据可能的条宽与数量来具体确定它们的数量。如一台机宽为650mm的分条机，在最窄条宽为20mm时最多裁30条。但在用上40mm胶环时，它所裁带料的宽度最窄也在40mm以上，那时它的条数就只有15条。因此，40mm的胶环就只需配15个就行了，那对100mm的胶环而言，条数更少，实际只需6个就够。如按最多条数来配，那便会是一种很大的浪费。

## 24. 怎样确定薄间隔环的数量？

这要考虑两个方面：

（1）在刀轴的裁切区内（第一和最末的两把刀之间）。在裁切区内，薄间隔环有两个作用：1）满足带小数的带料宽度的需要；2）满足间隙值的需要。因此，它在一根轴上的基本数量就等于最多裁切条数。因为分条机有两根轴，而且在上下刀轴上的环都是通用的，所以对一套刀轴，在裁切区内的总需求量是最多裁切条数的2倍。

（2）在刀轴的非裁切区（第一和最末的两把刀之外）。这主要是指第一把刀到轴肩的区间和最后一把刀到液压螺母压力面的区间。要在刀与轴肩的区间能形成第一间隙，我们必须适当增加两套（即一条）1mm，1.01mm，1.02mm，1.03mm，1.06mm，及1.10mm，1.20mm，1.30mm，1.60mm等厚度的薄间隔环，包括下面所说的1.005mm的薄间隔环。另外，要能确保金属板的裁切中心和分条机中心接近或重合，我们还需一些略厚的薄间隔环，如2mm，4mm，5mm或

8mm。数量是4套，以满足上下两轴各两侧共四处的需要。有关因卷宽变化而需要的厚间隔环，会因卷材中心的定位方式不同而有所变化，这将在后文中加以详细叙述。

## 25. 厚度为1.005mm的薄间隔环有何作用？

这种薄间隔环是用在刀与轴肩的区间内形成第一间隙的需要。当然，只要用户需要，精密刀具制造商可生产以微米为单位厚度的薄环，但要配全的话，买家的成本会极大地增加。其实，这在实际生产中并非一定必要，而且在保管和使用上也会带来许多麻烦，因此，薄间隔环大都以0.01mm为单位。但在实际生产中，有时确因材料的厚度和材质不同，间隙的尾数需要0.004mm，0.005mm，0.006mm，那应用何种厚度的薄间隔环呢？如取尾数为0mm，或0.01mm的定距环，那误差就会有0.004mm，乃至0.005mm之多。为了进一步提高裁切精度，刀具制造商提供一种厚度为1.005mm的定距环。只要将这种薄间隔环一片放在上轴或下轴最外端的刀片和轴肩之间，使第一间隙精确到0.005mm，那所有的基本单元中尾数为0.004mm，0.005mm，0.006mm的间隙都可向0.005mm靠拢。这种特殊间隔环只需要几片，但可解决大问题。此时的配刀，最大误差仅为0.002mm，发生在间隙尾数为0.002mm或0.003mm时。如这样的精度尚嫌不足，可要求刀具供应商提供1.0025mm的薄间隔环，而1.005mm薄间隔环的数量需同最多条数相同。此时可获得的间隙有：0.0025mm，0.005mm，0.0075mm，间隙的误差更小，更方使用户选择。

## 26. 怎样确定厚间隔（定距）环的数量？

以上所述大都是有关裁切区内刀片、胶套和薄间隔环的规格需求和数量配置。下面是对厚间隔环规格和数量的考虑。

对在裁切单元需要胶环全覆盖的裁切模式，厚间隔环只是用来填充第一把和最后一把刀片之外的空间。它既要满足最大裁切宽度时两侧的最小空间，也要满足最窄裁切宽度时两侧的最大空间。除第一间隙所需薄间隔环外，两侧空间的名义宽度尺寸已由1mm，2mm，4mm，5mm，8mm，及带小数的薄环来解决了，那大空间就要由10mm，20mm，40mm，80mm（或10mm，20mm，50mm，100mm）的厚环来解决。为方便起见，对10mm，20mm，40mm的需求量常是8件，使得每轴每侧都有两件可同时使用；对80mm的数量取决于刀轴长和最窄带料的宽度。如刀轴有效长为650mm，最窄带料宽为300mm，那每侧空间所需80mm环的数量 = [(650 - 300)/2]/80 = 2.2个。因已有不少10～40mm的薄环，我们可考虑一根轴的每侧需两个80mm环，总数为8个。

## 27. 怎样确定工具总体数量配置的思路？

实际上，一台分条机，一对上下刀轴，一组雌雄刀已能开始裁切加工。但在具体生产中常会遇到材料厚度、宽度、批量、订单紧迫性不同，再加上刀具和胶环在使用一段时间后常要予以重磨，因此生产中常要换刀配刀。在这种情况下，如只有一对上下刀轴，一组雌雄刀，那是不够的，它会影响生产效率。因此，无论在国外或在国内，许多厂家为了提高生产率，常配有多组刀具，甚至于在分条线上配几台机头，更换品种规格时，不先换刀，而是先换机头。在这种情况下确定工具数量，尤其是为新机配套刀片、复合橡胶圈和定距环的数量时，必须先弄清组、套和条数的概念和关系。

（1）组的概念：是指一套雄刀要配几组雌刀，以适应不同的材料厚度。如果全机所切材料度范围很大，比如要从0.5~3mm，那就需要三组不同直径，并用不同颜色表示的雌刀胶环，其每组胶环的数量仍等于最多的分条条数。

（2）套（机头）的概念：是指有几对上下刀轴。一套（机头）就有一对上下刀轴，两套（机头）就有两对上下刀轴。有的用户有资金实力，为方便安排生产，他们会配几套（机头）。因此套和组的概念不能搞混。正因为一台分条机有几套刀轴（机头），而一套（机头）刀轴又常常有一组雄刀和几组雌刀单元，并且每条金属条带都需一个雄刀单元和一个雌刀单元才能剪下来，因此，除刀以外，每套中的每组雄、雌刀单元中的复合橡胶圈和定距环都要配齐，条数相同，不能随便乱用。

（3）条数的概念：是指在分条机上最多能切的条数。但实际上，每套中每组刀不可能每时每刻总切最多的条数，如一样的话又何必要配多套刀呢？按国际上的通用惯例，如第一套（机头）被安排最多可切60条，第二套（机头）的安排就按75%计，即45条。有的公司还有第三、第四套（机头）；第三套就按50%计，即30条，第四套就按25%计，即15条。总数为150条。此时，所配工具数就相当于60×1+60×0.75+60×0.5+60×0.25=150条，是一套全配时的2.5倍，但不是4倍。当然，最后的数量还是由用户根据市场需求而定。

## 28. 确定工具数量的实例？

某厂，分条机轴有效长650mm，切0.2~1.0mm厚铜板，最多30条，带宽最大为30mm，最窄为20mm，宽度增量0.01mm，卷宽300~620mm。该机有2套刀轴，每套1组雄刀，2组雌刀，刀片宽5mm。

（1）理论上满足最多裁切条数的最少刀片数：第1套30×2+2=62片，第2套30×0.75×2+2=47片，总数109片。

（2）直接用于裁切板材的裁切区中的复合橡胶圈和定距环：表6用例子来说明有两套刀轴时胶环的配置。

表6 两套刀轴时的胶环配置

| 单元 | | 宽度/mm | 5 | 6 | 7 | 8 | 9 | 10 | 20 | 40 | 80 |
|---|---|---|---|---|---|---|---|---|---|---|---|
| 第一套 | 雄刀单元/片 | 红 | 30 | 30 | 30 | 30 | 30 | 30 | 20 | 12 | 6 |
| | 雌刀Ⅰ单元/片 | 蓝 | 30 | 30 | 30 | 30 | 30 | 30 | 20 | 12 | 6 |
| | 雌刀Ⅱ单元/片 | 黄 | 30 | 30 | 30 | 30 | 30 | 30 | 20 | 12 | 6 |
| 第二套 | 雄刀单元/片 | 黑 | 24 | 24 | 24 | 24 | 24 | 24 | 16 | 8 | 4 |
| | 雌刀Ⅰ单元/片 | 绿 | 24 | 24 | 24 | 24 | 24 | 24 | 16 | 8 | 4 |
| | 雌刀Ⅱ单元/片 | 橙 | 24 | 24 | 24 | 24 | 24 | 24 | 16 | 8 | 4 |

对搭配宽度用的 5mm，6mm，7mm，8mm，9mm，10mm 厚的橡胶圈的数量，乘 75%，即 22.5 片，圆整到 24 片。对填充用的 20mm，40mm，80mm 的数量也可酌情减少。在检查配置的数量够不够时，可用这样一条原则：为了能裁最宽的来料，此时刀轴上只有两片刀，其间的空档最长，都要填满。那时我们就需要较多的 20mm，40mm，80mm 等宽幅的复合橡胶圈。如它们各自乘上的相对应的数量，总加之后的宽度能满足两片刀之间的最大空档即为正确。

（3）间隔（定距）环：

1）薄间隔环的配置见表 7。虽然雄刀单元基本不用调整间隙的薄间隔环，而只在雌刀单元内使用，且能反复使用，但因带宽增量要求是 0.01mm，因此雌、雄刀单元都要用上薄间隔环。这里已考虑建立第一间隙的 4 片 1.005mm 环和经常要补充使用的 1.00mm 环。

**表 7　薄间隔环的配置实例**

| 厚度/mm | 1 | 1.005 | 1.01 | 1.02 | 1.03 | 1.06 | 1.1 | 1.2 | 1.3 | 1.6 |
|---|---|---|---|---|---|---|---|---|---|---|
| 第一套数量/片 | 34 | 2 | 30 | 30 | 30 | 30 | 30 | 30 | 30 | 30 |
| 第二套数量/片 | 26 | 2 | 24 | 24 | 24 | 24 | 24 | 24 | 24 | 24 |
| 总数/片 | 60 | 4 | 54 | 54 | 54 | 54 | 54 | 54 | 54 | 54 |

2）较厚的间隔环的配置见表 8。如前所述，分条机的非裁切区需要间隔环去填充空间。

表 8　厚间隔环的配置实例

| 厚度/mm | 2 | 4 | 8 | 10 | 20 | 40 | 80 |
| --- | --- | --- | --- | --- | --- | --- | --- |
| 第一套数量/片 | 4 | 4 | 4 | 4 | 4 | 4 | 8 |
| 第二套数量/片 | 4 | 4 | 4 | 4 | 4 | 4 | 8 |
| 总数/片 | 8 | 8 | 8 | 8 | 8 | 8 | 16 |

对门幅较宽的机器，也可采用宽 50mm 和 100mm 的间隔环。这里要说明的是，以上这些刀具和工具的配置都不是唯一的，各厂有各自的考虑。本节仅提供一些原则和方法，供读者参考。

## 29. 在为新分条机配整套刀具和工具时决定它们数量的原则是什么?

（1）首台分条机所需刀具和工具的数量主要取决于下面八方面因素：

1）最多的分条条数；

2）机头数；

3）裁切板材的厚度范围；

4）裁切模式；

5）来料的最窄卷宽；

6）最窄的带料宽；

7）带料宽和间隙的增量；

8）预算资金的多少。

（2）根据以上原则，对只有一个机头的，要胶环全支撑的分条机的工具基本配置原则如下：

1）要能保证裁切最多条数的最起码刀片数量 =2×最多的分条条数 +2；

2）雄刀侧的橡胶圈数量等于最多的分条条数；

3）如全机所切材料度厚度范围不大，只配一组雌刀，雌刀侧的橡胶圈数量等于最多的分条条数。但如果全机所切材料度范围很大，比如要从 0.5～3mm，就需要三组不同直径，并用不同颜色表示的雌刀胶环，其每组胶环的数量仍等于最多的分条条数。不过，对 20mm 以上的胶环，如 40mm，50mm，80mm，100mm 等，因带料宽度的增加而条数的数量会有所减少，因此这些宽胶套要根据可能的条宽与数量来确定它们的数量。如根据最多分条数来配，那便是一种浪费。

4）对调整间隙和带宽的薄间隔环，其数量基本等于最多的分条条数的 2 倍，一半用于雄刀侧，一半用于雌刀侧。但是，对某些特殊规格的薄间隔环，如 1mm，1.005mm，1.01mm，1.02mm，1.03mm，1.06mm，1.1mm，1.2mm，1.3mm，1.6mm，2mm 等要增加 1～2 片，以调整第一间隙。

5）厚定距套，主要用在填充分条机轴最外两片刀外的空档。如轴的有效长度是650mm，而最窄卷宽是350mm，上下两轴的总空档就有 600mm。如裁切是以中心线定位，那每个小空档就要有 150mm，全机往往需要 40mm、20mm 各两个，10mm、8mm、4mm 各一个。因总共有 4 个空档，那么每种厚度就各需 4 倍的数量。80m 厚环的数量要由最窄料卷时刀外的最大空档而定。

（3）多机头的配置。一台分条机常常有多个机头，至少是两个，以配合生产计划调整和刀片重磨的需要。一个机头在车上生产时，另一个就可在机下配刀。如有三个机头，那再可有一个机头的工具在外面磨刀。这对生产安排，提高机器生产效率有很大的好处。由于生产品种的多样性，每个机头不可能都生产一种规格产品。因此，从节约投资的角度出发，提出如下建议：

1）第一头的数量：100%的最多的分条条数；

2）第二头的数量：75%的最多的分条条数；

3）第三头的数量：50%的最多的分条条数；

4）第四头的数量：25%的最多的分条条数。

（4）刀片数量。以上所谈到的刀片数量是一种理论上的最少配置。如工厂有财力的话，不妨多买些刀片，这会带来以下一些好处：

1）可有效地延长胶环的寿命。因为胶环的寿命不仅仅是取决于它自身，而是取决于是否有足够的刀让其继续使用。如果没有足够的刀，那么在刀片需要刃磨时，全部胶环乃至那些没有使用过的胶环也要被迫磨去它们的一些外圆。

2）在生产中，刀片难免会碰伤，或者是所配圆刀没有用足，剩下的那些没用过的圆刀数量又不足以配成一组去裁切另一组带料。如果没有足够数量的刀，那么所有的刀，不管是用过的还是没用过的都要去磨，这也会造成很大的浪费。如果多配2倍、3倍甚至更多的刀，那就不会出现这种情况，生产成本可大大降低。

3）如所有圆刀的外圆是一次刃磨的，那它们外圆的一致性就很好，这可有效地控制刀片重叠量的偏差。

## 30. 当一个企业有多台轴径相同的分条机时，怎样经济地配备刀具和工具？

作者在走访客户中，常常发现许多金属裁切企业拥有多台分条机，但他们的裁切厚度范围都相同，多从 0.5～3mm。一旦厚度跨度大，他们就必须为每台机都配上多组胶环。这样的配置，无论是对刀具的购买，还是对生产成本的降低都不尽合理。因此，建议有关企业按厚度来安排分条机的生产。这样安排会带来以下好处：

（1）由于厚度范围窄，雌刀侧所配胶环的组数就少，可节约采购成本；

（2）由于厚度范围窄，机器各有分工，裁厚料的分条机的精度要求自然降低，也可节约投资成本。

当然，以上只是供金属裁切企业参考，真正的安排还需按实际情况而定。

## 31. 什么时候要配厚度不同的两组刀？

当需裁切的金属板材的厚度范围过大，或带料最小宽度较窄时，选用两组厚度不同的刀是适宜的。厚刀的刚性较好，适宜切厚料；而窄刀可使裁切的最小宽度更窄。配刀软件能适应几组厚度不同的圆刀的使用，如对厚度在 2～6mm 之间的板料，刀的厚度可分为5mm 与 10mm 两组，对厚度在

0.2～2mm之间的薄料，刀的厚度也可分为3mm与5mm两组。但薄刀不能太薄。有的企业为能裁出尽可能窄的带料来，把刀片的厚做成2.5mm。别看厚度比3mm仅小了0.5mm，但因材料的刚性是和厚度的4次方成正比的，因而它的刚性就小了一半，刀片的横向刚性不足，时常会使板料无法裁切下来。当刀片刚性不足时，可把两片刀合在一起以增加刚性，但那时，它们的外圆之差不能超过3μm，否则会在带料表面上产生刀印。

# 四、操作篇

## 32. 怎样检测如此精密的刀具和工具呢?

一般情况下，金属裁切企业是没有能力，也没有必要去购买价格十分昂贵的、英国泰勒公司生产的圆度仪或其他精密仪器去测量刀具的精度。但如果没有这样的精密仪器，厂方又无法了解所购和使用中的刀具精度。因此厂方只能用数显千分卡，或用大理石平台及千分表来测量这些误差。这样的测量有两个大问题:

(1) 测量数据受人为因素影响太大。只要测量人员用力不同，或卡头擦拭不净，所测数据就有几个微米的误差。

(2) 大理石平台本身就有 3～5μm 的误差。

为了能使广大金属裁切企业在极低的成本下能有效地排除人为因素而测出较为准确的数值，作者和成都斯锐特硬质合金工具公司共同开发了一台简易的“三点式高精度平面精度测量仪。”其测量原理是：利用最简单的“三点决定一个平面”的几何原理，以三粒耐磨的硬质合金钢球组成一个绝对精确和稳定的测量平台，同时再配以千分表（或精度更高的电子测量仪）和块规来测量和工具表面有关的平行度、平面度和厚度公差。这在高精度的大理石平台上是难以完成的。图 13 是该仪器的照片，从中大致能看到它的具体结构。其优点是：

（1）价格十分低廉，仅几千元人民币，但可解决许多企业长期所困扰的高精度测量问题；

（2）操作极其方便，对操作工无特殊要求；

（3）测量范围远比泰勒圆度仪大，而精度不变；

（4）使用寿命长，基本不需专业维护；

（5）它的台面底下有一拨盘，能控制三粒钢珠在径向同步进出，因此它能测量圆形工具表面的伞形不平度。

图 13　三点式高精度平面精度测量仪

## 33. 怎样测量圆刀片和胶圈的外径和偏心？

相对而言，用千分卡来测量圆刀片和胶圈外径的精度是足够的，而且也是很通用和方便的方法，但它唯一的缺点就是受人为因素的影响太大，除极有经验之人，很难测准。尤其是胶环，它们的外径大，再加上胶圈摩擦系数大，外圆最高点极难捉摸。另外，胶环是弹性体，稍微用力，胶圈就会不知不觉地变形，影响测量精度；不同人的测量，有时甚至会有近0.1mm（10丝）的误差。因此建议在测量中一定要摆脱人为因素的影响。下面是作者所建议的方法，企业可根据自身刀片的外圆，自己设计制造。

（1）测量外圆的其他方法：

1）用齿轮公法线长度仪来测量。它的优点是测头接触面大，最高点好找，胶面不易变形，测量值比普通千分卡来得准，但它也有缺点：一是要受人为因素的影响；二是它的腹腔较小。因此他只能从轴向的端面，而不能完全在外圆所在的平面上测量外径。这也意味着在磨床上测量成组胶环时，只能测量外口的几片工具。

2）用平板法来测量。必备工具有百分表（杠杆式或垂直式均可）、磁性表座、一块约300mm×400mm左右的钢平板，平面度在0.02mm以下，上面有个台阶作基准面，平面和台阶都不能生锈。它只能用于测量外圆，而不能测量工具和刀片的平行度、平面度、厚度等，因该平板的精度远远不够。如条件允许的话，再购买块规一套，测量时用块规搭出所测外径值。如要省钱的话，也可固定使用一把圆刀作为标准直径，毕竟刀片较硬，好测量。在标定零位后，就可测量其他圆刀和胶圈的外径了，详见图14。

它的优点是完全摆脱人为因素的影响，但它的缺点是只

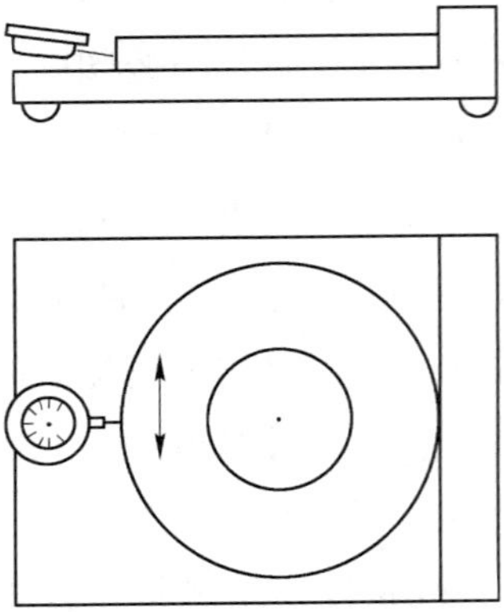

图 14　简易式刀片和胶环外圆平板测量示意图

适宜于单片测量，不能测量正在磨床上修磨的圆刀和胶套的外圆。

3）可移式胶环外圆卡规测量法。所谓卡规就是自制的一个人字形支架，上面配有千分表，详见图 15$a$。测量时把它放在一把标准刀的外圆上，调好零位，然后以同样方法放到被测零件的外圆上。因此时工具的测量基准因被测零件外圆的变动而影响测量值，所以表上所显读数差必须乘上一个修正系数 2.41，才是被测刀片或胶环和标准刀片的半径差。也就是说，如千分表上的读数值为 0.005mm，那它们的半径差应为 0.012mm，直径差为 0.024mm。

修正值 2.41 的来源如下：当被测零件的外圆比标准刀小时，在 45°支架臂上的两个支撑点也因此从 $A$ 点下移动到 $B$ 点，圆刀半径的减少量为 $\Delta R = AB$，原测点 $A$ 的下移量为

$\Delta R \times 1.414$，详见图 15*b*。因下移量大于半径的减少量，不仅表上读数会减少，而且方向相反。

所以表上读数为：

$$表上读数 = \Delta R \times 1.414 - \Delta R = 0.414 \times \Delta R$$

$$\Delta R = 表上读数 / 0.414 \approx 2.415 \times 表上读数$$

$$\Delta D = 2 \times 表上读数 / 0.414 \approx 4.83 \times 表上读数$$

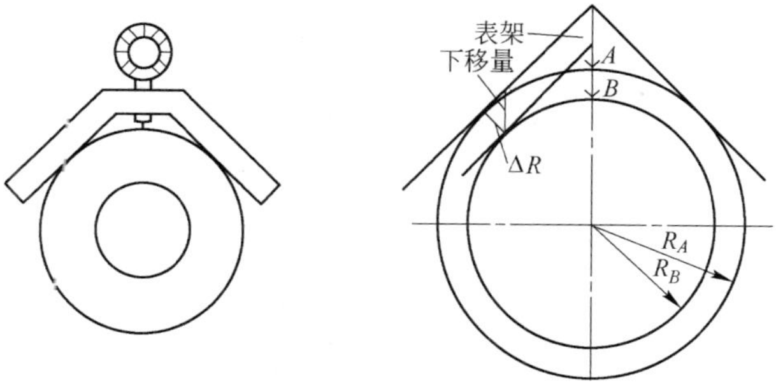


图 15　可移式胶环外圆卡规测量示意图

*a*—卡规测量；*b*—误差分析

这样的测量，其好处是刀具在磨床刃磨时就能测量外圆，并且可在没有人为因素干扰的情况下，测量任意一个部位的外圆，测量很方便，但因要乘以修正系数，它的测量读数和测量误差会被放大，从直径的角度而言，表上的读数等于放大了 5 倍，因此必须用千分表。

总而言之，对以上四种测量方法都有各自的优缺点，企业可根据自己的实际情况选用最合适自己的方法。另外，建议这几种方法要同步使用，以便互相校对测量数据。

（2）测量偏心。请从轴承仪器厂购买轴承圆度度测量仪，同时可测量内外圆圆度和偏心。它价格便宜，使用方便。因是间接测量，精度也不低。请见下面的照片（图16）。

图16　圆刀片和胶环内外圆圆度和及偏心测量仪

测量时，将零件的内圆安放在台面上两个支撑点上，仪器上的两个测量头，左面一个测内圆的圆度，顶上一个测量外圆的跳动。当零件在测量仪的台面上转动时，如果内外圆同心，那两个测量头的指针应是不动的，如不同心，则测外圆的指针就会动起来，它的移动值就是内外圆的偏心值。

## 34. 怎样才是正确的装刀步骤？

装刀是整个裁切过程中最重要的步骤，不少工厂的操作工都会装刀，但能把刀装好的人并不多。装刀过程中最重要的就是要充分做好准备工作，不要急，但也不要断断续续，准备工作做好后就一次装完。

准备工作如下：

（1）备好配刀方案，绝对不要凭记忆配刀。

（2）按照配刀方案（如用软件配出最好），从库房拿出规格对、数量齐的所有圆刀、胶环、间隔环、定距套等一切工具。

（3）确保取出的刀具和工具是干净的，无变形，无表面粘着物。

（4）将拿出的刀和工具，分上轴、下轴，按配刀方案上的单元一个一个叠好。叠好后再检查刀和工具的数量是否正确。如有多或少，那就说明有问题，要重新检查。检查工作必须在装刀前进行，因为一旦装到轴上，就根本无法检查。

装刀步骤：

（1）把刀轴、过渡套或过渡套轴擦拭干净。

（2）分别在上下两轴同步开始装刀，在装的过程中要随时再检查上下两轴刀片的位置是否相对应。

（3）装刀前，刀轴上要涂润滑油，然后将刀和环的两表面擦拭干净再装到轴上去。

（4）如发现薄环在轴上倾斜，装不进去，那就要把前面已装的一组工件退回到此薄环处，使薄环的平面和这组工具的侧面相贴，不倾斜了，也就能装进去了。如能利用后面的一个厚环，或一组工具，使这个薄环不倾斜，它也能装得进去。装刀时可喷一些气雾润滑油在轴上，以便于装刀。

（5）全部装完后，再全面检查上下两轴上刀片的位置是否正确对应。

（6）如上下两轴刀片位置正确对应，就开始装上液压螺母。

（7）将液压螺母加压，调整上下两刀轴的中心距，在刀片将重叠时放入小块平张料。

（8）继续调整上下两轴的中心距，使重叠量达到要求。用手转动轴，开始试剪。当辊前有带料出来时就可拉动样料，直到全部样料裁切完毕。

（9）取出试样，检查各条裁切效果。

（10）对有过渡轴自动装刀和卸刀的分条机，一定要检查过渡轴和刀轴是否对准。如不对准，任意一根轴上的键就会损坏薄环，因为那时的液压拉力很大。

## 35. 在实际生产中怎样更进一步提高工具的配刀精度？

因为裁切工具的精度是十分宝贵的，所以无论是非常精密的，或是不够精密的裁切工具都有保持它现有精度的任务。与此同时，还有挖掘它潜能的任务，以便更好地为提高产品质量服务。下面介绍几种方法：

（1）对精度较差的工具，可测出它们的实际厚度，并予以搭配。裁切工具精度不高是一个既成事实，用户无法改变，但通过选配，我们能提高它们的精度，当然这是没有办法中的办法。

1）首先准备好一些精密的测量工具，包括：数显千分卡、成量公司制造的38件块规一套、小型大理石平板一块。

2）请有经验、工作负责的操作工，把所有圆刀、胶环铁芯、薄隔离环和套的平行度（至少四个点）和厚度都量出来，并用笔把所测数据记在工具表面上。然后通过人工的搭配来消除误差，提高精度。

（2）对精度较好的工具，可测出它们的实际厚度，并予以分组。国外进口刀片的厚度误差为±1μm，已经很精密，但国外的刀片商，在此基础上还要将其分成“+”，“-”，“0”三组，将“+”，“-”搭配，以进一步提高配刀精度。如果我们的工具达不到±1μm的精度，这种分组的方法还是可以学习的。

（3）解决内孔配合精度不够，孔较松的方法。如孔较松，那孔轴之间就必定会有较大的间隙，这个间隙就会造成上下圆刀间的重叠量不均，和雌雄胶环对板带的压力不均。为解决这一问题，我们可以有意识地在磨刀时，将刀认准一个方向放到磨刀轴上去。如有键槽的就以键槽为准，如无键槽的就以刀片商标为准。在刀片或胶环放到磨刀轴上后，用螺母轻轻拧紧，再用橡胶锤敲打外圆的某一侧，使该方向的内圆面紧靠磨刀轴。如有键槽的，则用橡胶锤敲打非键槽侧的外圆。之后，再用力将螺母拧紧，上磨床磨。经这样磨削后，我们在圆刀和胶环上人为地制造了一个小偏心。但这个小偏心在刀片和胶环以同样的方向和顺序放入分条机刀轴后，就会把原有间隙造成的偏心抵消掉。

（4）解决裁切工具表面脏的方法：

1）千万不要用脏的回丝来擦拭工具表面；

2）如觉得工具不够干净，可用干净的汽油洗一下，尤其是垃圾槽，但洗后马上要涂上干净的防锈油；

3）对金属粘着物和锈斑，要用抛光机将它们抛去，但务必控制时间，要恰到好处。

## 36. 为何刀片和胶环的平面上有槽，为何宽胶圈和宽间隔环的内孔中也有槽？

操作工在装刀时，为了装刀方便，常会在刀轴上涂些润滑油。随着操作工把刀片、胶环、隔离片（环）向轴肩推进时，轴上的润滑油就会被它们的内圆刮起。因油有黏性，它不可避免地会粘上灰尘、垃圾、甚至金属屑粒。一旦这些垃圾被粘在工具表面，就会大大影响配刀的精度。

为防止这种现象发生，除了那些薄环外，我们在所有的工具的表面上都有意识地设计出环形槽，来容纳这些油污垃圾，所以称它为垃圾槽。因为薄环太薄，无法开垃圾槽，因此在装薄环时要特别小心。

一些厚环和大环内孔中的槽，主要有两个目的：

（1）减少高精度表面的加工量；

（2）减轻它们的重量。

## 37. 怎样选择刀具的材料和硬度？

在选择刀具的材料时必须考虑以下几个因素：

（1）所切的是何种金属材料？是铝，铜，不锈钢，还是普通碳钢？

（2）它们的硬度、抗拉强度、厚度、来料的板形好坏？

（3）生产中经常是切单一的一种材料，还是混剪各种材料？

常用刀具材料和它们的硬度见表9、表10。

**表9　裁切不同厚度、不同材料的刀具材料**

| 被切材料 | 厚度/mm | | | | |
|---|---|---|---|---|---|
| | ≤0.6 | ≤1.5 | ≤3 | ≤6 | ≥6 |
| 冷轧钢 | | Cr12MoV | Cr12MoV | H13 | H13 |
| 热轧钢 | | | | H13 | H13 |
| 硅钢片 | 硬质合金 | 高速钢 | 粉冶高速钢 | | |
| 不锈钢 | | 高速钢 | 粉冶高速钢 | | |
| 铜铝薄板 | | Cr12MoV | Cr12MoV | 粉冶高速钢 | H13 |

**表10　不同材料刀具的硬度范围**

| 材料 | H13 | Cr12MoV | W6Cr5V4Mo2 | W18Cr4V1 | 硬质合金 |
|---|---|---|---|---|---|
| 硬度 | HRC50～52 | HRC57～59 | HRC60～64 | HRC62～65 | $HV_{30}$980～1200 |

注：刀具的硬度常由材料本身的特性所决定，但上下限由用户自定。

## 38. 怎样决定刀片的内径和分条机刀轴的配合？

因分条机上所有的孔类工具都配在同一根刀轴上，因此，从理论上讲，它们采用的应当是基轴制，即轴的公差应为H6，而圆刀、胶环、间隔环、定距套的内孔应分别为：G6，G6，G7，G7。为何圆刀和胶环的内孔公差要小些，这是因为它们内孔的大小会直接影响刀片的重叠量和胶环外圆对板料的压缩量，以及这两者的均匀性。但间隔环和定距套不同，它们只在两平面的精度上发挥作用，内孔只要放得到轴上，其误差大些并不太重要。但在市场上，孔和轴的配合很乱。有不少刀片制造商不管用户分条机刀轴的尺寸和公差情况，总是采用基孔制。万一轴的尺寸做到零位，这样的配合就比较紧。为避免这种情况，有的刀片制造商，有意将内孔的公称尺寸放大 0.01mm 或 0.02mm，如 $\phi$100.01H6 或 $\phi$100.02H6。当然这也是可以的，但万一轴做到了下公差，这样的配合又会显得松一些，最好的办法是：

（1）在分条机制造前，用户要和分条机制造商、刀片制造商协调好轴孔的配合问题。两个制造商也有义务提醒用户注意这一问题。

（2）如果买刀时分条机的轴已经完工，用户一定要求分条机制造商提供刀轴在传动侧、中心、操作侧三处，每处互相垂直的轴的两个外圆尺寸。以此来和刀片制造商协调孔的尺寸。如没有这样的尺寸，就要自己量。千万不要抱侥幸心理，如有差错，返工活是很难做的。

## 39. 分条机的刀轴究竟要不要键槽?

对这个问题不能一概而论，具体问题要具体分析。因为在滚剪中，剪力的绝大部分分力是由上下两根刀轴在它们轴线所组成的平面内承受的，而它的小部分分力则处在刀轴的切线方向，形成剪切转矩。为防止这个转矩使圆刀、胶环在刀轴上发生错动，这就需要在圆刀、胶环、隔离环（套）和刀轴上开有键槽。但开有键槽后会带来一些副作用，如加工难度提高，加工成本增加，零件因不对称而容易变形等问题。但实际上，对加工铜、铝、薄不锈钢板料的力很小，更不用说那个切（周）向分力了。而分条机上的液压螺母能产生很大的轴向力，它压在所有的刀片、胶环上所产生的摩擦力足以抵抗剪切时产生的剪切转矩，防止它们在轴上发生错动。因此，对数量众多的，加工铜、铝，及0.5mm以下不锈钢薄板，并带液压螺母的分条机，其刀轴完全可不带键槽。

## 40. 怎样裁切又窄又硬的带料？

对于又窄又硬的料，如双金属料带，它是无法使用橡胶环的，因为窄于4mm的胶环很容易脱胶；而对硬料，胶环也不太压得动，所以在裁切中需要用钢环来压。这种钢环的外径比圆刀大许多，宽度比料带略窄，内孔套在间隔环的外面，而外圆的定位主要靠三点：一点是它外圆的下部，直接压在料带表面，另两点是靠上轴上方、下轴下方的各两根细轴。当分条机开始裁切，上下两轴开始转动时，压环就在三点范围内转动。因其中心和分条机上下轴的轴心线偏离，故称其为偏心环。两根细轴的位置可上下（或左右）移动，从而压住偏心环，使其有极少量的环变形，从而压住料带。也正是这样的力，带动偏心环转动。它的工作原理如图17所示。

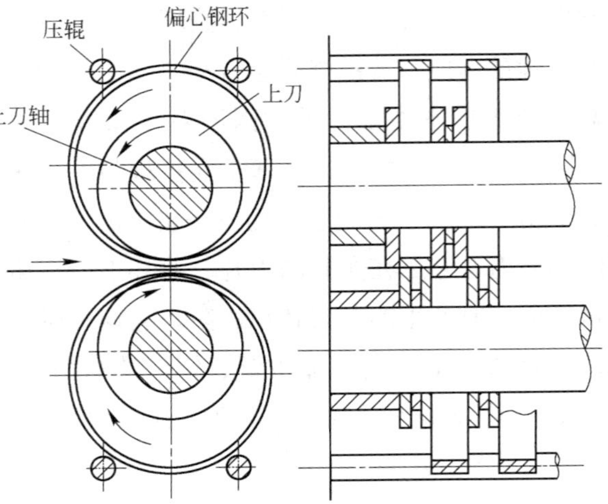


图 17　带偏心钢环的分条机示意图

## 41. 怎样裁切非常薄的带料?

在裁切很薄的带料时，如 0.1mm，0.08mm，乃至 0.06mm 厚的铜铝薄板，有时刀片间会需要零间隙。但零间隙很难得到，因为最精密的圆刀，其厚度误差也是有“+”，有“-”，再加上累积误差，万一上下圆刀互相错位，发生咬刀就麻烦了。这里推荐某工程师独创的特别办法，不妨试一下，当然，试的条件要求分条机和圆刀本身要十分精密。

当软件以零间隙为基础，排出配刀方案后，要人工加以修正。修正时，根据不断的试验，要有意识地将雌刀侧的宽度比雄刀侧大一个“+”，两个“+”，甚至于三个“+”，四个“+”。何谓刀片的“+”、“-”，将在后文中加以阐述。

在第62问的配刀软件中将谈到，精密刀片制造商提供的刀片厚度误差是±1μm。为了进一步提高精度，他们在刀具检测时，有意识地把2μm的公差带分为三段，－1～－0.33μm为“－”，－0.33～＋0.33μm为“0”，＋0.33～＋1μm为“＋”，以便互相搭配，尽量消除每个单元的误差和以后的累积误差。以此为基础，从理论上讲，一个“＋”的平均值应为＋0.33μm，一个“－”的平均值应为－0.33μm。如你有意识让雌刀侧比雄刀侧大两个“＋”，那上下刀间的理论间隙就是0.33μm。如是大三个“＋”，它的理论间隙就是1μm。这是对软件使用的发展，单靠软件是达不到这样的效果的。

## 42. 怎样安排雄刀侧和雌刀侧的间隙?

一般情况下，裁切间隙都安排在雌刀侧。如带宽的公称尺寸为100mm，间隙安排在雌刀侧，那么裁出的料带宽度的中间值就为100mm，其偏差有正有负。但对不少带料，因下游加工的需要，希望全部是负公差，那时就要将间隙安排在雄刀侧。这时的雄刀侧宽度就会比原来的宽度（指间隙安排在雌刀侧时）小两个间隙。

如带宽有比间隙更大的负公差，那么就把它公差的中间值算出，作为带宽的公称尺寸，然后以间隙安排在雌刀侧来处理，其结果就能满足要求。

如把间隙安排在雄刀侧，那么配刀的方式就会和间隙安排在雌刀侧时有很大的不同。有的厂家喜欢用刀片改薄一点来达到目的。这对一种厚度的板材是适用的，但当板材有许多种厚度时，就需好多有不同减薄量的刀片，增加了管理的难度和生产成本。有的企业也喜欢通过在雄刀侧放薄间隔环来实现，途径不同，但效果相同。

## 43. 怎样处理切下的卷料料边?

在大多数金属板材加工企业中，从卷料上切下来的料边都是在地坑或分条机旁的卷边机把它们卷起来。这样的处理方法并不好，它有以下缺点：

（1）占地面积大；

（2）工人处理难；

（3）万一某处带料过窄，受不了它的卷力而崩断的话，那断料带就会弹出伤人，很不安全。

因此，目前已有不少分条机都配有碎边机，操作侧和传动侧都各有一个。碎边机由一对滚刀所组成，四周镶有三到四把斜刀。为减少切料时的冲击力，上下滚刀的刀片方向是有角度的，方向也相反，如上刀是右旋，下刀便是左旋，这样的安排，可使刀片的切断作用不在一个时间内突然发生，切料冲击力自然减小。这对滚刀由外面一对啮合的齿轮所传动，其中一个齿轮的周向相位可以调节，以保证切厚度不同的料带时可调节间隙。在间隙调整好之后，上下滚刀在传动中，上下滚刀外圆上的两片刀片的同一头，便会同时进入由上下滚刀中心线组成的切料平面中，形成一个动态切点。在随后的滚动中，切点不断地从一端到另一端，最后离开切料面，而另两条上下刀刃组成的新切点又开始周而复始地进入切料面，向前推进，最后离开切料面。从动态的角度看，这一切点的位置会像一把普通剪刀，从根部移到剪刀头部那样，现在是从滚刀的一边移到另一边。如果滚刀的直径是140mm，上面有四把刀，剪下的废料长度是：$140 \times 3.14/4 = 110$mm。它们不时地掉在下面的箩筐中，这比成卷的废料，操作工处理起来要容易得多。

这类滚刀有两种形式：

（1）整体型。上面的刀刃和刀体是整体的，从几何角度而言，它的刀锋上的刀刃是螺旋线。螺旋线的概念如下：

1）它是绕在一个半径为 $R$ 的圆柱体上，此圆柱体称为基圆柱；

2）因此它不能放平在一个平面上，但在理论上可展开在平面上，也就是说，它的刀刃是无法在平面磨床上磨出；

3）螺旋线上每一点到中心轴上的垂直距离就是 $R$，并且处处相等。

为保证刀片制作和重磨时螺旋线的精度，必须做到以下两点：

1）这样的刀刃必须在有两轴连动的工具磨床或数控磨床上磨削；

2）如滚刀有多条刀刃，分度一定要正确，否则总有一对或两对刀刃的间隙不对，因此在滚刀转一圈中，总有一段或两段的料边会剪不下来，以至于废料有时会长220mm乃至330mm，增加了处理的难度。

（2）镶嵌型。上面的刀片是镶在刀体的刀槽中，然后用锲块把它们锲住，见图18。这种滚刀的刀刃是平面椭圆曲线中的一段。因为刀片是斜放的，所以刀刃是斜刀片平面和滚刀外圆的相贯线。如不仔细看，这种椭圆曲线很像螺旋线，但从理论上来分析，它是平面曲线，在外圆圆周上，它和螺旋线的最大误差可有1mm之多。所幸的是上下刀的椭圆曲线和左右螺旋线在外圆上的误差方向正好相反，只要斜刀片平面能经过滚刀的中心，那这样的误差在啮合过程中可完全互相抵消，因此在剪切过程中每处的间隙仍保持恒定。这样结构的最大优点是，它给滚刀的重磨带来了极大的方便。因圆柱体的椭圆曲线是平面曲线，在重磨时，只要把刀片从刀体上拆下来，放到普通的平面磨床就可磨削了。

图18　镶嵌式边料破碎刀的照片

为了保证这种结构形式刀片制作和重磨时的精度，必须做到以下几点：

1）在刀片设计时，这个斜刀面中心必须通过刀体的中心。

只有这样，左右刀刃才是对称的。如不通过中心，左刀下部那段近椭圆短轴处的刀刃会和右刀上部离椭圆短轴处的刀刃啮合，两段刀刃曲率半径不同，位置不同，误差就会显现出来。

2）所有刀片的厚度精度、锲块和刀槽的角度、刀体槽的后背面和分度精度都必须制作得相当精密，以至于刀片组装后，每条刀刃都能和整体刀一样精密。

3）上面所有的刀片、锲块、刀槽最好都要编号，避免刀片拆下重装时会搞乱次序，影响精度。

4）重磨时，每片刀在厚度方向上磨去的量必须相同。如原来的刀片厚度不同，它们只能一片一片地从原来的厚度上向下磨去同样的量。绝不能把几片放在一起磨，这会影响刀刃的分度。

对某些镶嵌型的碎边刀，因其结构的原因，螺旋线刀刃和椭圆形刀刃还有另外一个很大的差别。如是螺旋线刀刃，螺旋面上的每条径向线都通过刀轴中心，因此它不会在螺旋刀刃上产生不同的正负前角，但椭圆刀刃除某一处和中心相交的特殊点外，每处的刀面都不通过刀轴中心，因此在工作中它的前角会不断地变化着。对对称形椭圆刀刃，一个端面处的前角是“+”的，它在旋转中逐步减小，到中心点为零，而到另一端面时为“-”，符号虽不同，但数值相等。而对非对称形椭圆刀刃，这种“-”的前角会更大。当这样的刀在两刀刃互相重叠开始剪切时，两个刀刃的部分前刀面就会咬刀，而且这种咬刀是操作者无法发现的，其结果是使刀具的使用寿命大大降低。对椭圆刀刃而言，这个问题是无法从根本上解决的，唯一的出路就是减缓这种情况。减缓的途径有以下几条：

1）不能采用非对称形椭圆刀刃；

2）减小倾斜角度，使刀的两端差异减少；

3）减少刀的轴向宽度；

4）适当给刀刃面一定的负前角，但不能太大，太大后会使另一端的负前角增大，影响刀刃强度。图 19 是镶嵌式

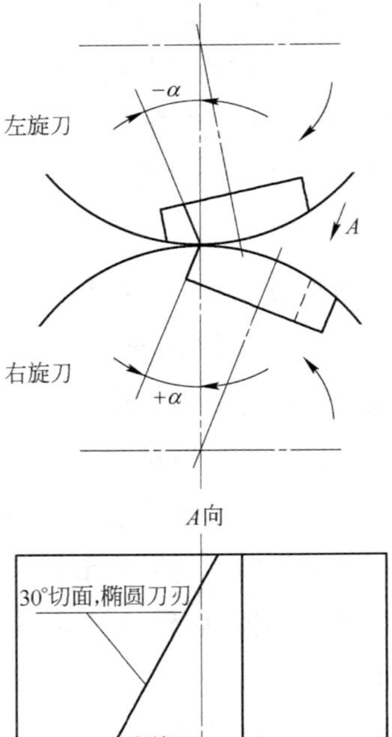


图 19　镶嵌式平面椭圆碎边刀刃的工作原理和咬刀时的几何原理图

平面椭圆碎边刀刀刃的工作原理和咬刀时的几何原理示意图。

## 44. 复合橡胶环和松式橡胶环在性能上有何差别？

顾名思义，复合橡胶环外面的橡胶或聚氨酯是通过特定的浇铸方式包覆到铁芯上去，然后作为一个整体去加工。而松式橡胶环和铁芯则完全是两个零件，在各自加工好后，将橡胶或聚氨酯环紧套在铁芯的外圆上。从理论上来说，松式橡胶环的铁芯似乎可反复使用，使生产成本大大降低，但事实并非如此。松式橡胶环会带来许多负面作用，常常会得不偿失。其负面作用如下：

（1）它在重磨外圆时无法以其铁芯为基准，因此其外圆的母线不能和铁芯中心轴线保持平行，在运行中会使带料左右偏摆，不能保证卷面的平整。

（2）由于热胀冷缩的影响，胶环和铁芯间的配合永远控制不好，乃至胶环的内圆和铁芯的外圆常会发生错动，损坏胶环和铁芯。可以说，绝大多数的松胶环都不会使用到理想寿命而报废，反而要买更多的松胶环。

（3）正由于以上这些原因，每个单元的胶面都是参差不齐的，用手摸已配好刀的刀轴外圆时能明显感到这种不平；从而对带料表面形成不同的压力，影响产品质量。

另外，对复合橡胶环，在其外径磨到太小而不能用时，可以将外圆剥掉，再重新包胶，这也是一个降低成本的办法。

## 45. 为何橡胶环有不同的颜色?

由以上介绍可知，在每台分条机中，尤其是切厚度范围较宽的金属板材时需多套胶环，以适应不同的板料厚度。这些胶环和刀的外圆，或每套胶环间只差几十丝，或最多1～2mm，用肉眼是很难区分的。因此制造商就把同一外圆的一套胶环做成一种颜色，便于和直径不同的其他胶环相区别，便于工人识别。

## 46. 什么是聚氨酯，和橡胶相比聚氨酯胶环有哪些优点?

凡从事金属薄板裁切的工程技术人员都知道胶环的作用，它在裁切过程中受到反复的挤压和放松，一年之中，这样的过程要有$65\times10^6\sim100\times10^6$次之多，因此必须找到一种有良好弹性和抗疲劳的材料来满足这样的要求，这就是聚氨酯。聚氨酯是一种高分子化合物，具有极好的弹性。当试用尖形硬物压它表面时，尽管其表面会凹下去很多，但不需一、二秒钟，其表面就立即复原了，这是橡胶所不能达到的。和橡胶相比，它还有以下优点:

（1）耐油、耐油脂、耐溶剂;

（2）耐冲击;

（3）耐高温和耐热膨胀;

（4）耐磨;

（5）硬度范围宽，邵氏硬度可达70～95。

图 20 是它和其他材料的耐磨性比较。

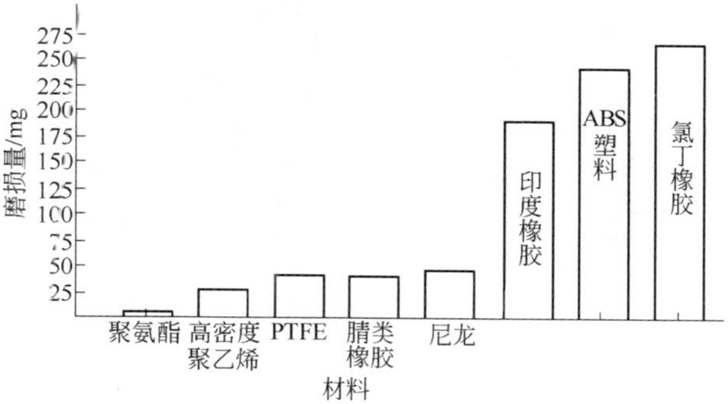


图 20　聚氨酯和其他材料的耐磨性比较

注：磨损量为高分子材料对铸钢轮在 9.8N 负载下转 1000 转后的损耗量。

## 47. 聚氨酯的特点是什么，使用时有哪些注意事项?

聚氨酯虽比橡胶好，但它在选用和使用上还有许多注意事项：

（1）刃磨。它必须用大气孔砂轮来磨削，以便碎屑能容纳在砂粒中，然后被冷却水冲掉，不至于烧焦；

（2）要注意，它有一定的热胀冷缩量，因此在磨某一种颜色胶环中的部分胶环时，一定要把同一色，但暂不磨的胶环放在磨床旁一段时间，作为参考尺寸。不然的话，尺寸会乱套的。

（3）不耐碱。如碰到 pH 值超过 12.5 的碱液，它就会崩溃、碎裂。详见图 21。

图 21　聚氨酯在遭受强碱接触后自然碎裂的情况

（4）硬度的选择要适中。铜铝要稍软些，薄料要稍软些。

（5）要充分注意雌雄胶环外圆和圆刀的外圆差，及被切材料厚度之间的关系。

## 48. 用旧和碎掉的橡胶环能修复吗？

只要橡胶环的铁芯基本上还保持原有的精度，而仅仅是胶体用旧或损坏了，那就完全可以修复。这也是节约工厂用刀成本的有效途径。但修复后，胶体的颜色不可能和原来一模一样，但这并不影响使用。因为它们和其他的胶环颜色还是有明显差别的，如果精度有损伤，也可要求将所有橡胶环铁芯统一磨薄 0.1～0.2mm，恢复原有的平行度和平面度，但厚度减小了些。只要能将磨薄了的新橡胶环打上新的尺寸标记，这些橡胶环就又能重复使用了。

## 49. 裁切中为何有的厂家要用压木条而不用橡胶环，压木条有哪些优缺点?

这自然是为了省钱，因为橡胶环很贵，而且是消耗品。对要求不高的一般性裁切，压木条自然可应付过去，但对薄板的精密裁切，压木条是无法胜任的，因为它难于平衡剪力，在光亮的金属表面上有擦痕，更重要的是它不能有力地、及时地把带料推出剪切区，因而很难避免带料两边的小波浪。从近10年的分条机的销售记录看，已很少有客户为了省钱而采用压木条结构。不过它对要求不高的板材还是有优点的，它可省钱，还可避免某些刀印。

建议厂家在购买分条机前，全面仔细地考虑采用压木条替代橡胶环所带来的负面因素。和采用低档刀具来片面省钱一样，当你意识到这一问题是无法解决的问题后，已为时太晚。因订单的损失、质量的损失、销售价的损失，加在一起后早已足够买复合式橡胶环了。

## 50. 什么是轻型间隔环，它的结构怎样?

在裁切厚金属板的分条机中，其刀轴的直径常在200mm以上，而厚板的宽度又常常很宽，因此它的间隔环很重。为了把为径仅比刀轴大几丝的间隔环装到轴上去，操作工不仅需要用一种爆发力，有时还要维持一段时间，因而不少操作工都有腰病。若改用吊车又很不方便。为了改善操作工的工作条件，德国爱凯思公司设计了图 22 所示的那种轻型间隔环。

图 22　内镶塑料环的轻型间隔环

这种间隔环的金属壁很薄，靠近内孔的部分改用塑料镶上去。反正间隔环的内外圆同心度要求不高，但两侧面和一般间隔环一样，仍然做得很准。这样就达到了既轻又准的目的。

表 11 是轻型间隔环和一般间隔环的重量对照表。从表中可看到，对内外圆更大、宽度更宽的间隔环，其重量减少的绝对量是非常可观的。

**表 11　采用这种轻型间隔环后重量减轻情况**

| 规　格 | 一般间隔环重量/kg | 轻型间隔环重量/kg | 减轻比例/% |
| --- | --- | --- | --- |
| 280 × 230 × 75 | 11.8 | 5.6 | 53 |
| 280 × 230 × 100 | 15.7 | 7.6 | 52 |

另外还有一种开口式的间隔环，见图 23。它由两个半圆形环组成，一边铰接，另一边开口。这种间隔环大大方便了操作工的换刀工作量。万一带宽和条数有变化要换刀时，它可以不必把所有的环从轴上拿进拿出，可以在不动其他那些仍要继续使用的环的情况下，单独拿出不用的环，并放进所需尺寸的新环。在轴上进行调整，十分轻便和高效。

图 23　开口式间隔环的照片

## 51. 什么是液压螺母?

一般低档的小型分条机是用圆螺母来锁住刀轴上的所有工具的，但它产生的轴向力很小，无法克服刀片和工具本身极小的允许的不平度，从而无法使上下圆刀在理想的工作位置，以及形成一个刚性十足的裁切系统，为此产生了液压螺母。

液压螺母是用来压紧上下两根刀轴上所有工具的特别装置。它的内径是螺母，拧在上下刀轴操作侧的螺纹上。对一台带料从左向右运行的分条机（从操作侧看），上轴是右旋螺纹，下轴是左旋螺纹，这使液压螺母在启动时，利用它滞后的惯性，使它在轴上愈来愈紧，不会松动。另外，上轴圆刀在裁切时，其偏离中心线的向上裁切主分力所形成的力矩是逆时针方向的，它通过和液压螺母形成的摩擦力矩也能使液压螺母愈旋愈紧。

在刀轴上开始装液压螺母时，要松开保压螺钉，用人工旋转，直到端头加压环的端面顶住工具，让压力环退到底，并且整个螺母再也转不动为止，然后再拧紧保压螺钉，并开始加油压。液压螺母有两种加压方式：一是小型液压螺母，用旋转壳体上的螺钉来推动一个小活塞加压；另一种是大型液压螺母，用油压枪加压，两者都能产生 30 ~ 40MPa 的高油压。它们利用液压原理来传递压力，推动头部的加压环，从而在轴向锁紧包括圆刀片、胶环、间隔环、定距环等在内的所有工具，从而保证：

（1）整个裁切系统的刚性；

（2）上下圆刀间的正确位置和间隙；

（3）消除累积误差。

不要小看液压螺母的压力，如果压力达到30MPa，环的直径为200mm，环宽6mm，它的轴向压力可达113kN。这里必须指出的是刀具供应商供应的工具即使精度最高，但在平面度上也有0.002mm以内的误差，尤其是薄环，它们的平面度允差可达0.01～0.02mm。许多这样的薄环夹在雌雄刀单元中，会严重地影响上下圆刀的配刀精度。这就需有足够大的轴向力将其压平，使每件工具不因它的平面度误差，而偏离它们应在的精确的理论位置。另外，也由于这巨大的轴向力，使整套工具形成一个刚性十足的裁切系统，使刀片在承受巨大的裁切力时不会退让偏移，造成动态的间隙误差。

## 52. 液压螺母在使用时有哪些注意事项？

（1）在订货和使用时一定要注意，上下刀轴的内孔螺纹方向是不同的。

（2）对用油枪加压的液压螺母，能在一定程度上调整刀片间间隙的精度，这对平面度不太好的工具有些作用，但这样的作用毕竟是很有限的，而且需要极丰富的经验。对这种油枪，也不能加压太大，否则会造成刀轴的损伤。

（3）对用旋转小螺钉来推动小活塞的液压螺母一定要注意它的工作位置：是小螺钉已经拧到底了，还是压力太大而拧不动了？操作者一定要能区分出来。如把前者当后者，那就不能充分发挥精密刀片的应有作用。这里有两个问题：

1）这种小活塞的压缩流量很小，不足以推动整个密封环在压紧工具时所必须的位移，从而把螺钉已经拧到底了还误认为把压力打足了。

2）最精密的工具它也有平面度误差，即使它的平行度很好，尤其是厚度在2mm以下的薄环，刀具供应商只保证平行度在0.002mm左右，而平面度都在0.02mm以下。如用的薄环较多的话，就会有一个很大的原始误差。

现举例说明这一问题：

某厂，刀轴长2000mm，切40条，每条有两片2mm以下的薄环，共80片。它们的不平度也都在中间值0.01mm，那么它的原始累积误差就有0.8mm。如液压螺母的密封环的直径为200mm，环宽10mm，那么它在轴向移动0.8mm（已是非常小的位移）所需的流量为：$20 \times 3.14 \times 1 \times 0.08 = 5cm^3$。但一个小活塞所能产生的压缩流量最多是$2.5cm^3$，根本不够密封环移动0.8mm距离所需的流量，这就造成了操作者的错觉。该厂在作者的建议下改成了油枪加压后，问题立刻迎刃而解。

## 53. 什么是液压刀座？

液压刀座是作者根据液压螺母原理而设计制成的一种刀座。它是利用液压原理，把刀座的内壁胀开，使刀座本身紧紧地抱在刀轴上。它所产生的摩擦力足够承受巨大的切削力而不会有任何的移动，保证裁切精度和裁切质量。这种刀座既避免了滚针式刀座的复杂结构和昂贵价格，又避免了那种三点式刀座定位的不稳定性。这种刀座的重复定位精度非常高，能充分满足刀片和刀座间的互换，它很适宜于变压器行业的硅钢片的裁切,以及许多金属加工企业精度要求并不特别高的中厚板裁切,或薄板的预剪,从而可大量节约隔离环的使用和换刀时间。规格有两种：内孔 125mm × 宽 80mm，内孔 125mm × 宽 120mm，压力可达 20MPa。特殊要求可特别设计。

这种装置的可靠性也相当好，理由有三个：

（1）相类似的液压螺母有很大的可移动压力环，有很大的油泄漏可能性，但它也在长期广泛可靠地使用着，而我们的液压刀座根本没有任何的移动部件，因此可靠性应比液压螺母还高。

（2）目前，许多精密的数控机床都在采用这一机理用于工具的夹紧装置。这从精度角度说明了它的可靠性。

（3）为装拆方便，冶金行业的大型皮带轮和齿轮的内孔也采用这种结构。这从承载力角度说明了它的可靠性。

图 24 所示为新设计的液压刀座照片。右边是加压扳手，中间是内孔保护轴。

## 54. 什么是液压式可膨胀磨刀轴？

一般的磨刀轴都是整体的。为了能把工具一件件放到磨刀轴上云，磨刀轴的外径总要比工具的内径小 0.02 ~

图 24　新设计的液压刀座照片

0.04mm，而这一间隙恰恰会造成圆刀片、胶环和刀轴的偏心，从而造成圆刀片的重叠量和胶环外圆对板料压缩量的不均匀，最后影响产品质量。为了消除这一间隙，有个别分条机制造商设计制造了液压式可膨胀磨刀轴，彻底消除轴孔间的间隙。其工作原理和上述液压刀座完全相同，而不同的是，可膨胀磨刀轴所胀的是外圆壁，向外胀，而液压刀座胀的是内圆壁，向内胀。

液压式可膨胀磨刀轴的想法很好，但问题是分条机刀轴不是可胀的，所谓偏心的问题还是不能彻底解决。如要彻底解决，那分条机刀轴也是要可胀的，这个代价将会十分巨大。

## 55. 怎样修复刀具、胶环铁芯和薄间隔环的精度?

精密刀具和胶环铁芯、薄隔离环在使用一段时间后它们的平行度、平面度和厚度等方面的精度肯定会有所损伤，这就需要修复。但在修复过程中要十分的小心，避免修整过头而不能恢复原有的精度。在这过程中，我们还要认真处理好三者的关系。当然，首先要能测量它们，有了测量的结果，也就有了修复的方向。

（1）对刀片，主要是在抛光机上处理掉两面的粘着物和锈斑。

（2）胶环铁芯和薄隔离环也尽可能在抛光机上修复，如无法修复或修理过头，那就千方百计要原供应商把厚的改成下一档薄的。这样要添置的仅是一些厚的胶环和薄隔离环，从而可节约大量的费用。在修复过程中，要强调的是平行度，平行度是所有精度的基础。在万不得已的情况下，厚度上的误差可用薄环来调整。而平面度的少量误差，也可在液压螺母的强大压力下得以改善。平行度不好的工具是不值得使用的。

## 56. 金属卷材裁切时上下圆刀之间水平间隙如何选择？

间隙是金属板材裁切中最重要的因素。对刀具、胶环和薄间隔环的精度提出特别要求的目的，就是为了间隙的精确和恒定，所以间隙的选择十分重要。对有关材料所用间隙百分比的推荐值见表 12。希望有关操作工以此为基础，摸索出正确的间隙值，或间隙与材料厚度的百分比。可以说，适合自己工厂的最佳间隙值，最终都是操作工在实际生产中反复总结而得到的，表中这些间隙值仅供操作工参考。

表 12　刀片间隙值

| 被切材料品种 | 抗拉强度 /MPa | 剪断百分比 /% | 间隙占厚度百分比/% |
|---|---|---|---|
| 软态铝、铜、黄铜 | ≤100 | 50 | 3～5 |
| 软态钢和铜合金、硬铝 | ≤240 | 25 | 10 |
| 中硬钢、软态不锈钢 | ≥420～620 | 15 | 12～14 |
| 不锈钢、高合金钢 | ≥700～1310 | 5 | 14～25 |

## 57. 怎样从料边上的毛刺来分析间隙的选择和机器的运行情况？

在板带裁切中，人们最关心的就是板带边部的质量，而板带的边部通常会出现表 13 所列的各种情况。

表 13　各种毛刺状态和解决问题方向

| 序号 | 毛刺情况 | 解决问题方向 |
|---|---|---|
| 1 | 所有板带的毛刺都完全没有规律 | 分别检查分条机和刀具的精度 |
| 2 | 逢单数或逢双数的板条剪不下来 | 分条机轴肩错位大，第一间隙不好 |
| 3 | 板带两边的毛刺有规律的一边一个样 | 分条机轴肩错位，或第一间隙不好 |
| 4 | 整条板带在长度方向，毛刺时好时坏 | 刀轴轴肩跳动大，刀片平行度差 |
| 5 | 裁切多条板带时，有规律地有的板带毛刺好，有的差 | 刀片累积误差大，或刀上有锈斑 |
| 6 | 所有板带两侧毛刺都有规律地过大 | 刀片间隙选择过大 |
| 7 | 所有板带两侧边部都有规律的出现挤压状 | 刀片间隙选择过小 |

虽然以上表格列出了常见的毛刺问题和解决问题的方向，但在实际生产中，许多问题往往交织在一起，难以找出真正的原因。因此，必须采取排除法，从机器的每项精度指标，刀片、胶环和间隔环的每项精度指标，逐项测量。在排除了设备和工具的精度问题后，才能分析间隙大小选择是否合理的问题。因此，讨论板带边部质量的前提是料边毛刺是否比较均匀，然后才能分析刀片间隙的大小，才有方向去调整，并最后解决问题。如果料边的毛刺时有时无，或在纵向呈周期性的变化，那肯定是刀具的精度或机器的精度不够所造成的。

当间隙过大时，板料在间隙内不是100%的剪切。如同原理篇中所说，它有除正常剪切所必须的多余空间，让材料的拉伸部分拉到了材料的外部，从而在尾部形成了明显的、完整的毛刺，料带侧面平而无亮光。

当间隙过小时，刀片间的空间太小，不能使板料形成完整的剪切，因而它要挤压材料，从而形成第二次剪切，再剪切不了的材料就又形成了毛刺。而这种毛刺不大，但是碎裂的、断续的、呈丝状的，整个侧面不平，中间部位发亮。这两种毛刺的表现形式完全不同，很容易区分。如果还感到难以区分的话，那可用带光源的20倍放大镜（印刷行业常用于检查印板质量的）去分析一下剪后的卷料侧面会更有帮助。对无毛刺的卷料侧面，每圈都表现为清晰的两层，厚度中的一部分是完全剪切的，另一部分是拉断的，边界线很完整，层次很均匀，外观有光泽，这在放大镜下更明显，另外，手感也很好。间隙过大的料卷侧面，外观很暗，手感很粗；而间隙过小的料卷侧面的每层有挤压过的、宽窄不均的亮带。图 25 和图 26 分别是间隙过大和过小时的带料边部情况。

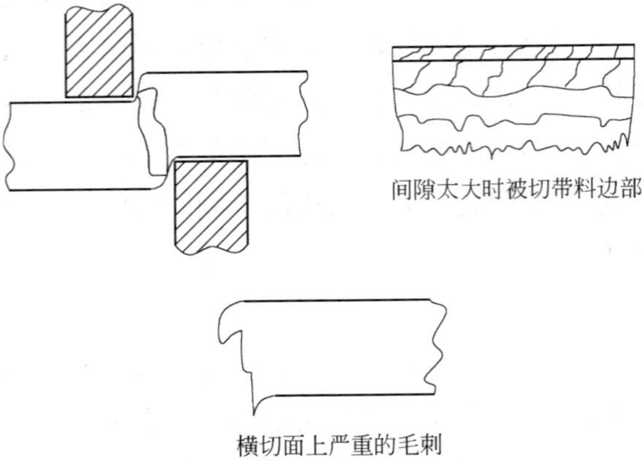


图 25　刀片间隙过大时的带料边部情况

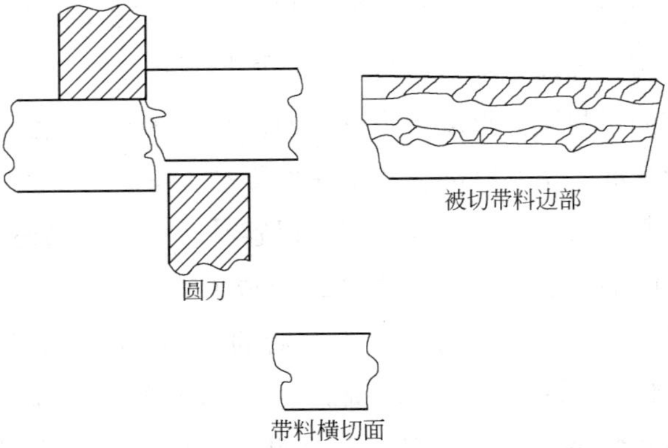


图 26　刀片间隙过小时的带料边部情况

## 58. 金属卷材裁切时上下圆刀之间重叠量如何选择？

对薄料而言，刀片必须有重叠量才能剪切，但重叠量并没有正确的计算公式，它的大小是在剪下材料为前提的基础上，愈小愈好。过大后，会增加毛刺，并加快刀片的磨损；过小则剪不下来，或出现时断时不断的现象。对厚料而言，因厚度的关系，刀片的重叠量可以是负值，即刀片外圆间有间隙。

碳素钢钢板的厚度和刀片重叠量的关系如图 27 所示。

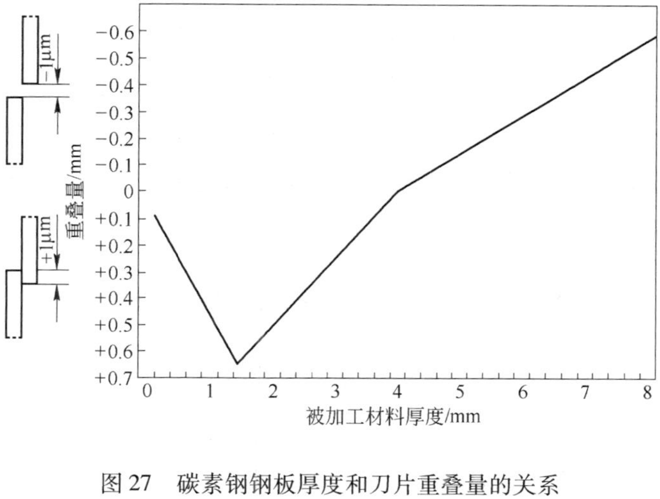


图 27　碳素钢钢板厚度和刀片重叠量的关系

从图中看出，在厚度小于 1.5mm 时，刀片的重叠量和厚度成正比，在 1.5mm 时，刀片重叠量为最大值，当厚度大于 1.5mm 时，刀片的重叠量和厚度成反比，到 4mm 时，刀片重叠量为零，而后它的重叠量为负值，这说明刀片开始不重叠，从反向开始分离，其原因主要是材料的厚度在起作用。

图 27 只能说明这种碳素钢钢板的重叠量和其厚度的关系曲线。其他材料虽会有不同的曲线图，但形状应是相近的。因为在剪薄料时，重叠量和材料厚度的比值，基本上就是上文间隙量选择表中的所述的剪断百分比，因此在决定重叠量时，基本上就从这一数据出发，然后根据实际加工情况予以调整。从重叠量的要求来看，也可了解到胶环外圆和内孔的同心度对薄料的裁切也是相当重要，不能认为胶料有弹性而予以忽视。比如，裁 0.2mm 的硬不锈钢薄板，它的剪断百分比，也即重叠量仅为 5%，0.01mm；在这种情况下，胶环外圆和内孔的同心度应在 0.005mm 以下，这在加工上是很难的，但必须要有这样的要求。如达不到，那就只能增加重叠量，从而带来一些负面作用。

## 59. 金属薄板精密裁切对分条机有何要求？

表 14 和图 28 是对精密分条机的精度要求。

**表 14　精密分条机的精度要求**

| 项次 | 两轴平行度/mm | 轴的径向跳动/mm | 轴肩偏摆/mm | 两轴轴肩错位/mm | 上下两轴交叉/mm |
|---|---|---|---|---|---|
| 要求 | 0.025 | 0.025 | 0.0025 | 0 | 0.025 |

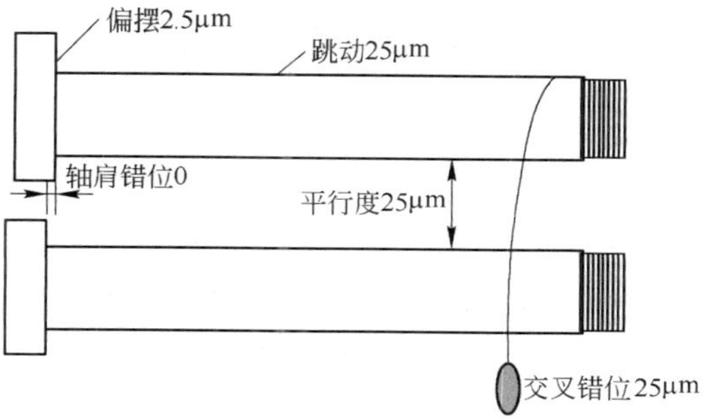


图 28　精密分条机主要技术指标示意图

## 60. 怎样测量一台分条机的精度？

整个金属薄板的裁切是一个系统，精密刀具只有在精密的分条机上才能发挥出它的作用。对金属薄板裁切企业而言，不仅要在分条机安装调试之初对它的精度予以测试，而在平时也要定期测试，这要形成一个制度。以下是必须测量的指标。因用户单位没有设备制造厂那么好的条件，此处介绍一些简易但很实用的方法。

（1）上下两轴的平行度。除了用水平仪外，可借助两片圆刀和两个宽（80mm 或 100mm）间隔环来测量上下两轴的平行度。测量时，将一片圆刀和一个宽间隔环一起放入上轴。让圆刀平面紧贴宽间隔环平面，从而形成一个整体，这样做能保证刀面和刀轴垂直。下轴也是同样做法。然后将他们同时移到传动侧某处，让上下刀在轴向对齐后开始用人力下降上轴，使上下刀的外圆愈来愈接近（避免碰伤），但并不接触，这时就可用厚薄规把两圆刀外圆间的间隙量出来。用同样的方法，量出两圆刀在分条机轴上多个部位上的间隙，从而很容易得出两轴的平行度。

（2）上下两轴的径向跳动。这可用最传统的磁性表架，加上千分表的办法来测量。让表头靠在轴的外圆上，慢慢转动刀轴，看指针的偏摆，偏摆值就是轴的跳动。为全面了解轴的跳动，起码要测轴的传动侧、中间和操作侧三处。

（3）上下两轴的轴向窜动。从分条机的设计要求来说，上下两轴是不允许有轴向窜动的，一旦有窜动，就无法保证已达到要求的许多间隙的稳定性。但有些厂家为片面节约成本，采用低精度轴承，或无力保证轴承座的精度，因此，刀轴常有窜动。另外，好的分条机在运行一段时间后，轴承磨损，也会造成窜动。所以工厂的机修部门要经常测量两根刀轴的轴向窜动。测窜动时，可把千分表表头先靠在已装在轴上的刀面上，然后找一根一米长的木条，找出支点来从轴向拨动刀轴。在拨动中，表针没有偏摆，那就说明刀轴无窜动。测后，在反方向再做一次。

（4）上下两轴轴肩的跳动。这也可用最传统的磁性表架，加上千分表的办法来测量。请注意，这是微米级表。让表头靠在轴肩上，慢慢转动刀轴。转一圈后，看指针的偏摆值，它就是轴肩的跳动。

（5）上下两轴轴肩的错位。要用精度很高的刀口直尺，放在两轴在传动侧的轴根下，用刀口贴住轴肩，来回移动。它的来回移动会在两轴的轴根上产生一条很淡的线。如这根线在两轴的轴根上很完整，那说明两轴轴肩没有错位。但如果不完整，上下轴（或前后轴）只有一半轴肩才有线，就说明两轴轴肩有错位，需要调整。详见图29。

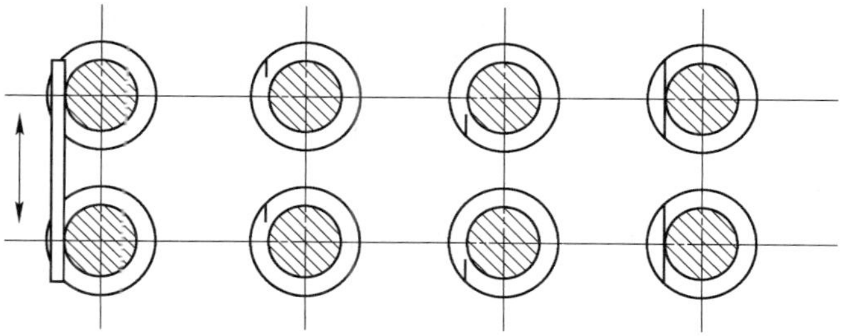

图29　上下刀轴轴肩错位测试示意图

（6）上下两轴的交叉。需要做一根截面40mm×40mm，长度为圆刀直径+60～80mm的方杆。方杆的四边要磨光，直线度要在0.01mm以内。在测量时需要一个框形水平仪，用压板将水平仪固定在方杆上。测量时，将方杆靠在上下两轴上，然后将其从传动侧移到操作侧。

如果两轴没有任何交叉，那么水平仪移动时，它的水泡是不会移动的。假如两轴有一些交叉，那个方杆就会发生微小的倾斜，而且是从第二、四象限经过平衡点后转到了第一、三象限，那时的水平仪的水泡就会有明显的移动。由水泡的格数，就可推算出两轴的交叉值，见图30。

（7）上下两刀轴外圆的圆度和圆柱度。这些参数可用外径千分尺来测量。

对以上测量的数据都要记录在案，以便将来对照分析。

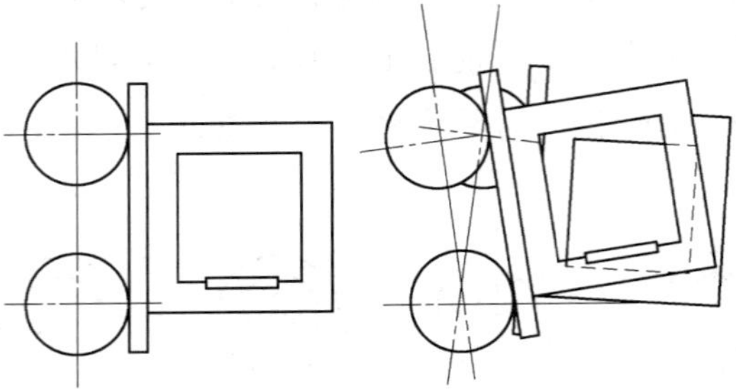

图 30　上下刀轴轴心线交叉测试示意图

## 61. 分条机在装刀后的测量内容是什么?

在测量有关机器的参数后，还应测量装刀后的数据，以便操作者对装上工具后的整个裁切系统的精度有个全面的了解。这些参数是:

(1) 圆刀外圆的跳动。它会影响上下圆刀的重叠量;

(2) 圆刀端面的跳动。它会影响上下圆刀的动态间隙;

(3) 胶圈外圆的跳动。它会影响对板料压力的均衡性。

测量方法如同上面一样，也用传统的磁性表架，加上千分表的办法来测量。对以上装刀前后所有的测量也都要做好记录。

## 62. 什么是配刀软件?

分条机工具配置软件的英文全名为 Slitting Line Assembly Program，简称 SLAP。所谓的配刀软件并非是一个对所有分条机的刀具配置都适用的通用软件，而是对特定的一台分条机首批供应的所有刀片、胶环、间隔环、定距环的计算机管理。

软件有以下功能：

（1）能显示原供刀具的清单，在库存表中，表格的纵坐标是刀具、胶环（还按颜色分）、间隔环、定距环的厚度规格，而横坐标是每种厚度的厚度特性。所谓的特性，也就是在它们允许的±1μm公差内，它们处于那一个位置。我们把±1μm的公差带分成三等分：在-1μm～-0.3μm间，我们把它们标为“-”，在-0.3μm～+0.3μm，我们把它们标为“0”，从+0.3μm～+1μm，我们标它们为“+”。这些标记并非在制造前就安排好的，而只是在制造后，经过高精度仪器的测量，才能将他们分类，所以，“+”，“0”，“-”的数量完全是随机的。

（2）根据用户的生产指令，在软件的视窗中输入必要的数据后，它会得到两张表，见图31。图31的下部是此次配刀所必需的全部工具清单，而图上部是所有工具装入上下刀轴的前后次序，操作工只要按此清单，从刀具库房中拿出所需刀片、胶环、间隔环、定距环。此清单会将它们的厚度、颜色、“-”、“-”特性和数量都表示出来。

（3）在选用过程中，软件能有意识地将“+”、“0”、“-”有机搭配，以求每个单元的综合偏差为零；如果没有办法完全为零，它也能将上下雌雄单元的误差统一为一个“+”或统一为一个“-”。如雌雄单元都为一个“+”，或

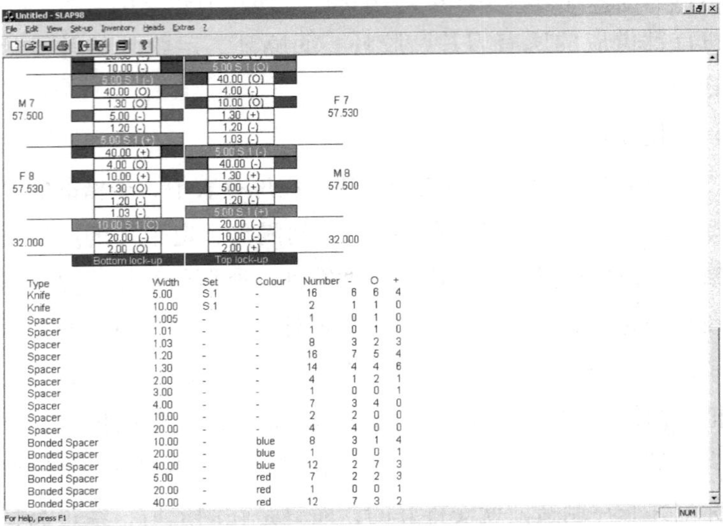


图 31　软件配刀计算结果图

都为一个“-”，那么累计误差就不会产生了。

（4）软件在给出工具清单后，它还会向客户提供上下轴的刀片和工具的安装次序图。图中的每个单元旁都注有单元尺寸，以便配刀工检查。如客户有彩色打印机，那张配刀程序表还能显示胶环的颜色，杜绝任何的配刀错误。

（5）在某些刀片和工具离库使用时，它们的数量会在软件中被锁定，避免了重复使用的可能性。但在还给库房后，这种锁定也要立即取消，否则也会造成混乱。

（6）当库内刀片和工具增加和减少时，软件在供应商的指导下，可以修改和拓展。

## 63. 使用配刀软件会给金属加工企业带来哪些好处?

（1）它能大大加快配刀的速度，有效地提高劳动生产率。

（2）因为能快速配刀，因此能快速选用最佳间隙。

（3）因为极快的配刀速度，生产计划人员或操作工可根据切边宽度，不断地调整裁切方案，尽量多切一条，或多切一条宽带，减少废边宽度，从而能有效地提高材料利用率。

（4）因软件简单可行，一学就会；略加操练，就会巩固；稍会电脑，就能上机。这就摆脱了少数人对配刀这一重要环节的垄断，有效地加强了企业管理。

（5）对每次裁切的数据都能存档，便于在一定阶段后，能总结出最佳的裁切工艺。

## 64. 怎样分析配刀软件使用中经常碰到的故障?

有不少客户在向国外刀片供应商购买整套精密刀具的同时，也向他们购买全套配刀软件 SLAP。由于配刀软件 SLAP 是国外刀片供应商根据与客户商订的技术协议而专门设定的，因此，当客户裁切材料的技术要求超出协议条件时，SLAP 软件的主界面就会跳出红色字样“注意！装刀计算不完整！”。但 SLAP 软件也有不足之处，它不能同时指出为何“装刀计算不完整”的原因，它只能靠软件操作人员自己分析，是什么数据输错了、漏掉了，或是超出了与国外刀片供应商协议规定的条件。

下面几条是对“装刀计算不完整”的一般原因分析：

（1）裁切总宽是否超过轴的有效长度？

（2）检查所切条数是否超过规定的最多条数？

（3）检查所切条宽是否窄于规定的最窄条宽或两片刀的厚度？

（4）如客户只购买了一套刀具，此时配刀软件只能保证第一次（头）配刀，在第二次（头）配刀时有两种可能：一是所剩分条圆刀、胶环和间隔环的数目还勉强可以，从而能配出第二套整套刀来；但也有可能因不少工具被锁定在第一套中，刀具和工具数量不足而配不出刀来。此时要根据现实情况，调整裁切的带宽或裁切的条数，保证第二次配刀。

（5）在第一次（头）配刀的任务完成后，是否把刀具都归还到了刀具库中？如没有归还，请到软件总览中把第一组配刀所预约（锁定）刀具的取消即可。

（6）检查裁切的总宽有否超过技术协议中规定的最大或最窄料宽？如裁切的总宽超过来料宽度，此时视窗中的边料为负值，则不可配刀。如窄于最窄来料宽度，亦不可配刀。

（7）检查有否漏输来料宽度、厚度、间隙百分比等基本数据？

（8）检查裁切产品的条宽增量是否和技术协议中条宽的增量相符？如增量为1mm，那条宽应是整数，不能是小数。

（9）刀具间隙是否按照技术协议中所规定的参数输入？

（10）当客户购买了多组刀时，如第一组刀具已在用，当选择第二组刀具配刀时，有否在“配刀计算”界面的

“切刀集号”中修改了刀具的集号？如选择第二组刀具，需用“切刀集号”为2。

（11）当客户有多组复合橡胶隔离环时，是否按照所切材料的厚度范围选择正确的复合橡胶隔离环的颜色？因为被切材料的厚度不同，选择的复合橡胶隔离环的外圆就不同，所以不同外圆的复合橡胶隔离环颜色是不同的。

（12）当遇到问题时，首先分析查看自己的输入条件及协议范围，如有其他技术问题，应及时与刀具公司联系。

## 65. 金属薄板精密裁切时以中心线定位和以轴肩定位有何区别？

这两者不仅有操作习惯上的差别，而更主要的是刀轴在承受剪切载荷时的受力情况有差别。以轴肩定位，就意味着不管卷料宽度为多少，来料的卷边总是靠着传动侧。以中心定位，同样意味着不管卷料宽度，来料的中心总是和分条机的中心相吻合。

从材料力学的角度而言，裁切时的每一对上下圆刀就是一个集中载荷，如要切20条，就有21个集中载荷。对来料卷宽接近最大卷宽时，两种定位方式差别不大，但对来料是最小卷宽时，两者的受力情况就大不一样。对以轴肩定位的剪切，这21个集中载荷都集中在近传动侧的那半根轴上，而以中心定位时，载荷都集中在以刀轴为中心的半根轴上。尽管刀轴很粗，但在21个集中载荷的作用下，刀轴总有变形，变形后的轴线像一段弧。以轴肩定位时，受力的半根轴是不对称的，工具都处在不对称的半根轴上，变形挠角最大。在这种情况下，上下圆刀组成的切口就会变形，间隙也会变化。但以中心定位，受力的半根轴处在弧形的中间，两边对称，中间部位几乎没有变形挠角，间隙不会有变化，从而对精密裁切没影响。所以建议用以中心定位来裁切较好。

## 66. 为何有的金属板材裁切后带料的两边有波浪形？

正如前文所述，橡胶环的一个很重要的作用是在圆刀裁切薄板时，利用雌刀侧胶环外径比圆刀小，雄刀侧胶环外径比圆刀大的情况，把板带在雌雄胶环上下压住的同时，将其往雌刀侧方向推出剪切区，避免带料的两侧和两片雌刀侧面在自由状态下接触。可设想一下，这种具有矩形截面的薄带料，因其横截面的对角线比带宽大，那么带料只要在剪切区内稍微动一下，就会产生一个小波浪，随着带料不断地生产出来，这种波浪也就连续不断地、没有规律地出现在带料的两边。这种使带料在剪切区内碰动雌刀侧面的原因非常多，如：

（1）原有的板形不好，剪断后带料长短不齐，形状更不好；

（2）橡胶环外径和铁芯内孔磨得不同心；

（3）分条机没有用橡胶环，只是用木条来压住板料，压力不够，带料推不出剪切区；

（4）雌雄刀侧的胶环外径没有选好，尤其是雌刀侧的外径没有选好；

（5）圆刀不精密，侧面端跳太大。

## 67. 为何裁好的金属带料上有刀印，怎样解决？

正如大家所知，所有圆刀有两条刀刃，一条用来裁切，而另一条则空在那儿不切料。这条刀刃虽不参加裁切，但却压在带料表面并产生刀印，从而影响产品质量。有不少企业利用胶带纸把这一刀刃包起来，从而避免刀印。但这仅仅是一个治标的办法，不能根本解决问题。较好的办法有两个：

（1）在条件许可的情况下，适当增加雄刀旁胶环的外径，增加它的压缩量，使其更好地起到保护刀刃、减轻它对带料的压力作用。

（2）在圆刀的非切割刃 2 ~ 3mm 后开一个 2° ~ 3°的后角，减轻它对带料的压力，从而避免产生刀印。但此种方法对磨床操作工要求较高，并且会损失一根刀刃，增加了生产成本。

## 68. 为何裁切得很好的带料其表面和边部仍有一些缺陷？

这个问题要从机器的工作情况来分析：

（1）要检查圆刀的两平面是否有金属碎末黏附在上面。这些黏附物会损坏带料的两侧面，如有黏附物，要用抛光机除掉。

（2）要检查刀片间的间隙是否过小，因过小的间隙会裁切出一丝丝的金属丝和碎末出来。这些金属丝和碎末常会黏附在分条机的导辊面，或毛毡面上，然后损坏带料的表面。那样就需要调整间隙。

（3）要检查导辊面和毛毡面上有否脏物，如有脏物也要及时清理干净，最好用吸尘机把它吸干净。

（4）要检查导辊的运转是否灵活。因导辊都是被动的，一旦不灵活，带料和导辊面就会产生滑动摩擦，然后就产生了划伤和印痕。

这些都是操作工的日常功课，必须天天做，还要做得好。

## 69. 为何裁切后的带料有较大的平面弯曲（俗称大刀弯）？

这里有几个原因：

（1）分条机刀轴的轴承在轴向有窜动，造成金属卷料不断的偏离分条机中心线，从而形成大刀弯。

（2）分条机使用松式胶环，而又没有磨好，胶环外圆上的母线和中心不平行。当这样的胶环在运行时，就会不断地把裁切好的带料一会儿推向左面，一会儿推向右面，从而形成大刀弯。

（3）分条机的托辊中心未和分条机中心垂直，这样的托辊也会使铜带偏摆。

（4）从冷轧来的卷料板形不好，一旦被裁开后应力释放，也会造成大刀弯。

## 70. 为何分离轴上分隔片和间距套的精度也很重要?

首先我们要了解分离轴上的分隔片和间距套的作用。它主要用来分离，并保护带料在卷取轴上卷取时不受邻近带料的干扰，保证卷料侧面整齐。每个分离单元由 1 个或几个间距套组成，它们的长度应比带料的宽度宽 1 ~ 1.5mm，这1 ~ 1.5mm 就是用来防止分隔片两面刮伤已裁好的带料。每个分离单元用分隔片隔开。所以，分离轴上的分隔片和间距套的精度也要加以控制。分隔片和间距套的端跳误差应控制在 0.02 ~ 0.03mm 内，它们的厚度公差应控制在 0.05mm 内。在起卷时，应尽量把带料粘在隔离单元的中间。分隔片的材料应是硬工具钢，淬火后的硬度为 HRC56 ~ 57。两面在近外圆处要有斜度，以适应带料扇开后的角度。斜面的交接处为圆角，间距套可用尼龙和聚氨酯制成。

## 71. 为何有些分条机和卷取机之间要有深坑，它起什么作用?

深坑也称活套，它的设计主要考虑两个问题:

(1) 由于板材冷轧中的问题，板材不可能轧得绝对平整。板材中经常有边浪、翘曲、拱形等缺陷。这种板形不佳的板材，在裁开后各条的长度就会发生微小的变化，这些微小的变化累积起来，就会影响卷取轴上各卷的松紧程度。如有了活套，使裁开后的板带在深坑中储存一下，然后靠卷取机前的张力辊将其有控制地送入卷取机。此时，张力辊和卷取机间的距离已经很短，长度和张力都会一致，卷取的质量自然就得到了保证。在深坑中的所有板条，由于时间的推移，各板条间的长度会发生明显的变化。但当一卷裁完后，这样的长度变化就不会影响全卷的正常裁切。

一个成品卷完成后，各板条的累积长度差究竟有多少呢？我们设想一个外径为800mm的成品卷，内径为300mm，带厚为0.2mm，该卷的展开长为：

$$L=[(800-300)/(2\times0.2)]\times[(800+300)/2]\times3.14=2160\text{m}$$

如板形的误差为1mm/m，那么它在全卷卷完后的累积长度误差为2.16m。即使板形的误差为2mm/m，那么它在全卷卷完后的累积长度误差为4.32m，一折为二后，它的下垂高度也只有2.16m。因此，深度有4～6m的活套坑不会影响分条机的正常运行。至于活套坑的深度究竟要多深，这应由设备制造商考虑。一般而言，薄料，因其圈数多，卷料长，深度要深一些。

（2）采用活套后，可降低分条机对全机张力精度控制的要求。

## 72. 怎样保证卷料在分条后两侧面的平整度？

板带裁切后在卷取轴上卷取后就成为成品。在质量方面，成品除了不能有毛刺外，成品卷的外形也非常的重要。在卷取中，常见的缺陷有：塔形、塌卷、塌陷、喇叭形、错层等，它们共同的表现形式就是卷料的两侧面不平，全卷松紧不一，严重影响下游的生产，甚至卷中会松开来，不能成卷，无法销售。

造成这些缺陷的原因主要有以下几点：

（1）整个卷取过程的张力未控制好，起始张力设定过小，卷层不紧。当卷径增大时，张力增大，拉动初卷部分，迫使其横向变形，从而形成这些缺陷。解决问题的方法是：初始张力要略高，即使卷径增大也要保持恒定。保持张力恒定方法为：

1）不断地调整刹车的气压；

2）不断地观察和调整卷取机电机的电流强度；

3）不断地观察卷面的质量。

（2）有的带料毛刺很严重，在卷料直径不断增大，圈数愈来愈多时，卷料两面和中心处的直径，以及卷取的松紧程度明显不同，从而形成以上缺陷。

解决问题的方法就是彻底检查设备和刀具，从解决毛刺问题着手来解决卷料质量问题。带料侧弯（大刀弯）过大，带料在卷取过程中不断的左右偏移，从而造成错层。另外，卷取轴的轴向窜动，原卷板形差使切后的长度不均，裁切单元和卷取单元过大的不一致也会造成错层和其他一些缺陷。

# 五、磨刀篇

## 73. 圆刀刃磨时是磨外圆，还是磨平面？

当圆刀用钝之后需要重新刃磨时，可能有人会问：磨刀时到底是磨外圆，还是磨平面？也可能有人知其然，但不知其所以然。

要回答这个问题首先要弄清刀片的制造过程，以及分条机和切边机的结构。在精密裁切圆刀制造厂，他们要采取许多复杂工艺措施来保证圆刀的长期而稳定的极高精度，比如用多次回火来消除内应力，由经验很丰富的老工人来人工矫平刀片，花巨款购买十分精密的机床和测试设备等，从而把刀片的平面度、平行度、平面和内孔轴心线的垂直度，最后综合反映到侧平面的端跳，要做到微米级的水平。试问哪一个金属板材加工厂的机修部门或一般的工具厂、协作单位能具有这样高的制作水平？因此我们在重磨刀时，一定要保留原刀片厂加工得极其精密的内孔和平面的垂直度，也即保证在刀片重磨后，能继续保持 1 ~ 2μm 级别的端跳。从这一点而言，我们也只能去磨刀片的外圆。如不知这一道理，用磨刀片侧面来重获刀刃的锋利，那能将端跳保持在 0.01mm 的水平已是相当的不错了，但对板带裁切而言，那是无法保证间隙的精度的。

在磨了外圆后，为了使圆刀仍能正常地工作，上下两轴的中心距必须能有所调整。因此所有的分条机都考虑了这样的机构。但也有例外，那就是切边机。切边机有两种形式：比较新的都是中心距可调的，它的切边刀都是磨外圆的，因此厚度较薄。而另一种是中心距不可调的，在这种情况下，它的刀片在重磨时就不能磨外圆，而只能依靠磨圆刀的侧平面了。这种切边机一般适用于对毛刺要求不高的厚板，它的刀也比较厚，以保证刀片有足够的重磨次数，从而有足够的使用寿命。在重磨刀的侧平面时，千万要注意不能用普通的平面磨床。因这种磨床无法保证刀片内孔轴线和侧平面的垂直度，也即无法保证刀片重磨后的端跳。此时，我们必须使用带旋转工作台的卧轴磨床。即使是这种机床失准，它最多是把刀片磨成凹状的碟形或外凸的伞形，但其内孔的主轴永远和侧平面垂直，端跳仍旧很好，不会影响间隙的变化。图 32 和图 33 就是这种机床的两张照片。

## 74. 圆刀重磨时有哪些注意事项？

（1）磨削机床一定是高精度的外圆磨床，否则就会造成外圆尺寸的变化和偏心，从而在精密裁切时影响刀片重叠量的变化。

（2）每次磨削时，刀片相叠后的总长度要小于 250 ~ 300mm，不能贪多。一次磨削刀片过多，会影响机床刚性。

图 32　机床内部的砂轮和工作台

图 33　带旋转工作台的卧轴磨床外形

（3）磨刀时，包括磨橡胶环的外圆，必须用大量的皂化液冲入磨削区，使圆刀片和橡胶环充分地冷却。

（4）砂轮在每次磨削横向返程前，不能出头。因为刀具在刃磨时，砂轮、刀具、机床已共同形成一个稳定的刚性系统。如果砂轮在每次返程时都出头，那么刃磨系统的刚性每次都要经历消失、重建的过程，从而造成两端刀片刃磨不好，以及砂轮精度丧失的后果。正确磨削刀片外圆的砂轮工作位置见图 34。

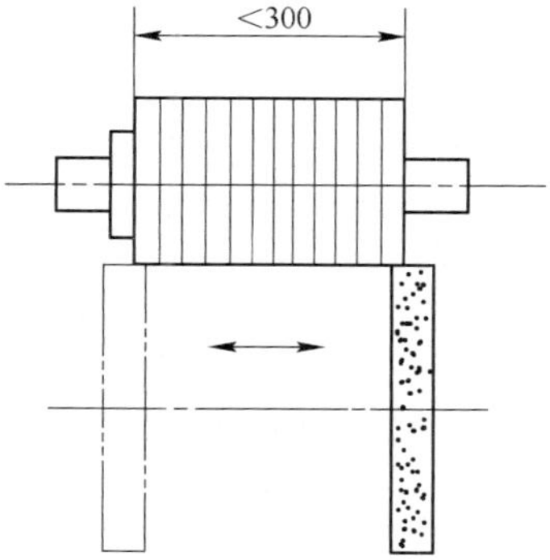


图 34　正确磨削刀片外圆的砂轮工作位置图

（5）在用组合刀时，叠在一起的同组刀片的外圆误差必须小于 0.002 ~ 0.003mm，以避免外圆误差产生的肩胛在铜铝带上产生压痕。

## 75. 分条圆刀刃磨时有哪些正确规范？

（1）砂轮的选择（见表 15）。

（2）磨削参数的选择（见表 16）。

**表 15　砂轮推荐表**

| 序号 | 磨削工件 | 磨削工序 | 推荐国内砂轮 |
|---|---|---|---|
| 1 | 一般圆刀外圆 | 标准修磨 | 单晶刚玉，粒度 46，硬度 K（中软），牌号 SA46K |
| | | 精磨 | 单晶刚玉，粒度 460，硬度 K（中软），牌号 SA60K |
| | | 抛光 | 尼龙（抛）布（纤维）砂轮 |
| 2 | 橡胶环外圆 | | 棕刚玉大气孔砂轮，极软，粒度 70，牌号 WA46J 或 I |
| 3 | 硬质合金圆刀 | 预磨 | 人造金刚石，目数 126（120/140），牌号 D140 |
| | | 标准修磨 | 人造金刚石，目数 400（30/40），牌号 D40 |
| | | 抛光 | 人造金刚石，目数 600（10/20），牌号 D20 |
| | | 超精磨 | 人造金刚石，目数 800（6/12），牌号 D12 |

**表 16　磨削参数推荐表**

| 序号 | 普通材料分条圆刀的刃磨参数 | | |
|---|---|---|---|
| 1 | 砂轮外圆速度 | 30～35m/s | |
| 2 | 圆刀外圆速度 | 圆刀直径/mm | 速度/$m \cdot min^{-1}$ |
| | | 小于 200 | 60～70 |
| | | 200～300 | 50～60 |
| | | 200～300 | 40～50 |
| | | 400～450 | 35～40 |
| | | 450～500 | 30～35 |
| | | 大于 500 | 25 |
| 3 | 横向进给速度 | 径　向 | 0.005～0.01mm/来回 |
| | | 横　向 | 1.2m/min |
| **序号** | **硬质合金分条圆刀的刃磨参数** | | |
| 1 | 砂轮外圆速度 | 30m/s | |
| 2 | 圆刀外圆速度 | 同普通圆刀 | |
| 3 | 进给速度 | 径　向 | 0.005mm/来回 |
| | | 横　向 | 0.5m/min |

在谈到砂轮的粒度时，我们常会涉及两种尺度：一种是传统的目数法，即每平方英寸筛网的孔数，由此表示砂粒的细度。目数愈高，砂粒愈细。而另一种是尺寸法，直接用微米表示砂粒的细度，数字愈小，砂粒愈细。表 17 是两种砂粒粒度表示法的对应表。

**表 17　两种砂粒粒度表示法的对应表**

| 尺寸法/μm | 46 | 54 | 64 | 76 | 91 | 107 | 126 | 151 |
|---|---|---|---|---|---|---|---|---|
| 目数法/目 | 325/400 | 270/325 | 230/270 | 200/230 | 270/300 | 240/270 | 120/140 | 100/120 |

## 76. 怎样确定磨刀周期和磨削量?

这是一个很重要的课题，如果能把它掌握得好，就可减少工具的消耗成本，提高产品的成品率。为了能确定磨刀周期和每次的磨削量，必须要注意以下两点：

（1）平时一定要做好每次磨刀后的加工吨位和加工时间的记录，从中掌握加工到多少吨位和多少时间时一定要磨刀的规律性。

（2）要勤磨刀，不要为了片面节约磨刀开支和增加产量，使金属板料长期在刀片不锋利的状态下工作，其结果是产品质量好不了，刀片的费用也省不了。如图 35 所示，假设圆刀用钝后刀刃上的圆角 $R$ 是 0.5mm，那么磨去 0.5mm 后刀刃就又锋利了。因此，刀刃永远处在锋利状态下工作。但如果圆刀一直拖到圆角 $R$ 为 2mm 后再磨，那么刀刃永远

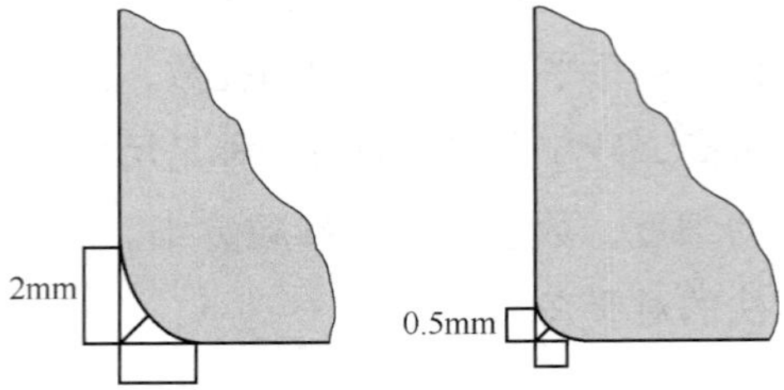


图 35　及时磨刀和非及时磨刀的对比图

处在不锋利状态，到头来，刀片还需磨掉 2mm。这是很不合算的事。

另外，每次磨刀一定要磨去一定的量。不管是剪铜还是剪不锈钢，凡是这种连续剪切都会在刀片外圆表面上产生肉眼看不见的微小裂纹。这种微小裂纹常会深入刀体 0.04 ~ 0.1mm 间（见图 36）。如果不把它们彻底磨去，那么残留的

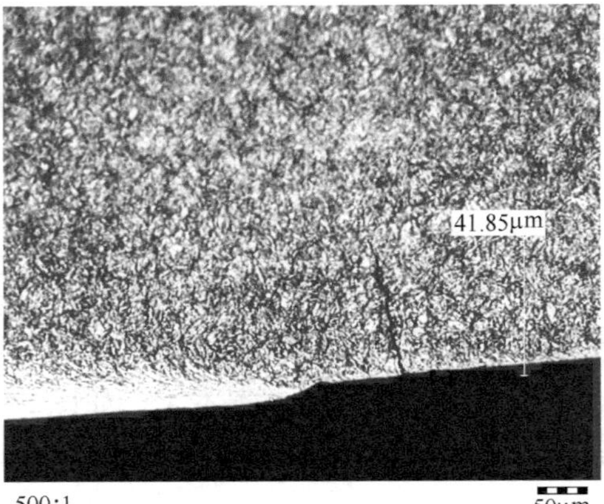


图 36　圆刀表面微小裂纹放大图

微小裂纹在剪切应力的反复作用下，会不断扩张、延伸，使刀体有小块剥落，结果就会在料带旁产生小节块。图 37 是刀片磨外圆时的照片。

图 37　圆刀外圆表面磨削情况

## 77. 刀片大概磨到什么尺寸时就不能再使用了？

在绝大多数的金属板材精密裁切中，刀片的使用寿命并不只关系到圆刀的本身，它还影响到胶环的寿命。当圆刀因刀刃不够锋利而一次一次地重磨而变小时，胶环的外径也必须一次一次地同步变小。到最后，胶环的外径和铁芯的外径愈来愈接近，胶层愈来愈薄而最终失去弹性，无法工作，这也就是胶环必须要报废的时刻。

一般情况下，刀片的外圆在磨到原外径的 85% 时，就不能再工作了。为了延长整套工具的使用寿命，在金属板材裁切行业的领导和工程师们，一定要采取多项措施，如确认先用一面刀刃，用钝后再用另一面刀刃；要尽量一次性购买大量的圆刀，避免胶环不必要的多次磨削等。全面地综合考虑，尽可能延长整套工具的使用寿命。

## 78. 刀片的外圆怎么会磨出锥度来?

为了节约投资，有些企业常利用轧辊磨床和分条机的工作轴来磨刀，这种办法未尝不可，但对拥有门幅宽、轴径小的分条机的企业是不能这样做的，因为用分条机的长工作轴来代替磨刀芯轴，势必会引起刚性大幅降低的问题。如前文所说，对外径在 180 ~ 250mm 的圆刀，其磨刀芯轴的直径在 90 ~ 135mm 以下时，其总宽度要小于 250 ~ 300mm。但轧辊宽，辊径小，而刀片的外径大，重量重。如果工厂怕麻烦，用和轧辊等宽的长工作轴代替短芯轴，那么又长又细的长工作轴会因刀片的重量和它的自重而变形，并在强大的砂轮径向磨削力的挤压下产生更大的变形。如果 300mm 宽的刀片成组放在磨刀芯轴的一边，那么磨刀轴的变形是不对称的，刀片组的中心轴线和磨头移动的导轨不平行，以至于刀片在磨好后都会磨出锥度来（见图 38）。此外，操作工还将发现

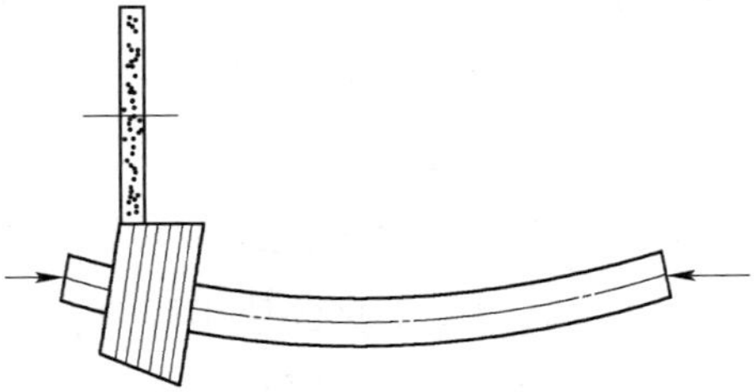

图 38　圆刀外圆磨出锥度的原因

每片刀片的外径也会不同，以至于无法工作。所以工厂必须设计专用的短磨刀轴。在轧辊磨床从磨轧辊的状态转到磨刀片时，不要怕麻烦，必须移动磨床尾架。由此可知，用过长的磨刀轴也是不妥和没有必要的。

## 79. 怎样磨胶环的外圆？

磨胶环外圆一定要用大气孔砂轮。但在磨胶环外圆时，还有不少诀窍。

一般而言，雄刀单元的复合橡胶环的外径比圆刀外径要大 0.25mm 或 0.5mm，乃至 1mm。在圆刀开始重磨时，雄刀单元的复合橡胶环的外径也要跟着重磨，在外径方向上始终保持这一差值。但雌刀单元的复合橡胶环的外径不一样，厚度范围过大的分条机常配有几组外径不同的胶环，表 18 即为一个实例。裁切厚度从 0.3 ~ 3mm 时，它们有多组颜色不同，即外径不同的胶环，它们也要同步磨削，以保持各自同圆刀在外径方向上的差值。如能按表 18 递进式的方法磨削胶环外圆，复合橡胶环就可减少磨次而仍能重复使用。刃磨次数的减少，就会大大节约人力、物力和生产成本。如按传统方法，圆刀一旦要送去修磨，那各组胶环都要送去修磨。此例中有雌雄四组胶环，那么就要付磨四组胶环的磨刀费。但如果按表 18 递进法，只磨雄刀这一组胶环即可，那么就只付磨一组的磨刀费。

**表18　递进式磨削胶环外圆尺寸**

| 项　目 | 原始外径/mm | 适应厚度/mm | 刃磨后尺寸/mm |
|---|---|---|---|
| 圆刀外径 | 300 | | 299 |
| 雄刀单元的复合橡胶环（蓝） | 300.5 | 任何厚度 | 299.5，改用原第一组雌环（红） |
| 第一组雌刀单元的复合橡胶环（红） | 299.5 | 0.3～0.7 | 298.5，改用原第二组雌环（黑） |
| 第二组雌刀单元的复合橡胶环（黑） | 298.5 | 0.7～1.5 | 297.5，改用原第三组雌环（黄） |
| 第三组雌刀单元的复合橡胶环（黄） | 297.5 | 1.5～3 | 296.5，用原雄刀侧胶环磨成（蓝） |

## 80. 怎样设计一根好的磨刀轴?

一根好的磨刀轴应对下列参数有严格的要求：

（1）长度。对OD小于180mm，ID小于100mm的圆刀，磨刀轴有效长度不要超过250mm；对OD小于250mm，ID小于135mm的圆刀，磨刀轴的有效长度不要超过300mm。对OD超过250mm，ID超过135mm的圆刀，磨刀轴长度对磨削刚性基本无影响。除非是OD大于300mm的圆刀，一般不用工作轴代替磨刀轴。

（2）配合。其原则是要紧，但要放得进。对此，在确定磨刀轴轴径时要考虑多方面因素。如，在定轴径前，一定要了解原购刀合同中厂方是如何和刀片供应商约定他们所供圆刀片和橡胶环内孔的公差范围。是 H6，Hg6，还是×××.01H6，×××.02H6。此外，还要考虑刀片和胶环内孔的椭圆度、锥度等形位公差。根据经验，对轴径在 100mm 以下的磨刀轴，其外圆应比孔的实测值小 0.15～0.02mm；对轴径在 150mm 以下的磨刀轴，其外圆的中间公差应比孔的实测值小 0.02～0.025mm。

（3）精度。轴的圆度、轴肩跳动、轴外圆对中心孔的同心度、圆柱度均应小于 0.003mm，绝不能超过 0.005mm。对变压器行业磨刀侧面的磨刀轴，任何一种形位公差都不能超过 0.003mm。因它在基准转换时，误差会直接影响刀的间隙。更好的磨刀轴要采取冰冷处理，以稳定它的精度。

（4）硬度。一般都需调质处理，硬度至少要调质到 HRC38，如要求高些，可表面渗氮，使表面硬度达到 HRC 52～55。

（5）操作方便性。轴端面要有吊装螺孔，以便使磨刀轴在不工作时能吊在铁架上。另外，轴肩要铣两个对称的扁平面，以便操作工将它夹在台钳上，从而可拧紧圆螺母。

（6）如更好的话，轴的两端应有螺纹，不用时拧上保护盖，以保护中心孔。

（7）不工作时，磨刀轴一定要涂上油防锈。

## 81. 怎样正确确定圆刀片和橡胶环间的外径差？

解决这个问题要考虑四方面的因素：

（1）在裁切中，雌刀和雄刀侧的胶环都要受到压缩，并且两者的压缩量基本上是相等的。压缩量不能太小，它至少要能覆盖它的内外圆偏心，要能控制板料裁切后的方向，但又不能太大，太大之后，会使分条机的刀轴受力过大。按个人的经验，在板材厚度为0.1～3mm的工作范围内，最小压缩量为胶料能在胶环外圆有偏心的情况下仍能压得住带料即可，而最大不要超过1mm。薄料的压缩量要小些，避免带料起皱；厚料的压缩量要大些，但也不要超过1mm。当压缩量超过1mm时，胶环压缩量过大，除刀轴的负载过大外，胶环在反复的压缩和松驰过程中，极容易疲劳损坏，降低使用寿命。建议要多加一套雌刀侧胶环，重新平衡各组胶环的压缩量。

（2）雄刀侧胶环的外径要比刀大，雌刀侧胶环的外径要比刀小，从而使被切材料在受压的情况下，有意识地、动态地使雄刀侧胶环的外径把板料从裁切区推出去。

（3）在考虑胶环外径时，一定要考虑板料进入压区后所增加的压缩量，而且，这个压缩量要能覆盖一定的板材厚度。如不能覆盖，就要增加一组雌刀侧的胶环。

（4）因受投资和生产管理的影响，不可能无限制的增设雌刀侧胶环的组数，因此，在添置胶环时要尽可能选用合适的压缩量，但在实际生产中，还需靠调整刀片重叠量来适应固有的胶环压缩量。两者是矛盾的统一，要互相适应和调整。

胶环的压缩量并不是绝对的，它有一定的宽容量，但它还是有一个基本公式可供参考，它导出的原则是刀那部分的中心距应和胶环处的中心距相等，即：

（雄刀直径 + 雌刀直径）/2 - 圆刀重叠量

=（雄环直径 + 雌环直径）/2 - 胶环总压缩量 + 板材厚度

胶环总压缩量 =（雄环直径 + 雌环直径）/2 -（雄刀直径 + 雌刀直径）/2 + 圆刀重叠量 + 板材厚度

= 雄环半径增量 - 雌环半径减量 + 板材厚度 + 圆刀重叠量

对这个基本公式的使用有以下几种情况：

（1）在具体生产中，已知等式右边各项情况下求胶环总压缩量。

如雄环直径比圆刀大 0.5mm，而雌环直径比圆刀小 0.5mm，板厚 0.5mm，重叠量 0.1mm（20%），那么雌雄环的总压缩量为：0.5mm/2 - 0.5mm/2 + 0.4mm + 0.1mm = 0.5mm。雌雄环各自的压缩量为：0.5mm/2 = 0.25mm。应当是比较合理的。

（2）已知板材厚度范围，在磨削时要确定雄环直径和雌环直径。

此时的方法是：

1）选板材中间厚度，对 0.5 ~ 3mm 厚的薄料，每组雌刀的覆盖范围最多是 1mm；它们的安排应是 0.5 ~ 1mm 为第一组，1 ~ 2mm 为第二组，2 ~ 3mm 为第三组。

2）先假设雄刀的半径增量和胶环总压缩量。

3）将公式转换过来，雌环半径减量 = 雄环半径增量 - 胶环总压缩量 + 板材厚度 + 圆刀重叠量。

假设：雄环直径增量仍为0.5mm，半径增量为0.25mm，板料厚1.5mm，重叠量0.3mm（20%），总压缩量因厚板略有增加，为1.2mm（雌雄环各0.6mm）。

雌环半径减量＝0.25mm－1.2mm＋1.5mm＋0.3mm＝0.35mm，雌环直径减量＝0.7mm。

用第一种情况时的使用公式来算最薄料和最厚料时的总压缩量，并予以校对它们雌雄环的压缩量是否在合适的压缩量之间。否则就要调整雄环增量，或建议增加雌环组数。用第二种情况时的使用公式来算雌环直径减量，也要根据常剪的板厚幅度加以调整。

## 82. 什么是组合刀（俗称“死刀”），目前用户在使用组合刀方面有哪些问题?

有不少企业，其许多产品的规格是常年固定不变的，因此他们所用的刀和胶环的宽度也都是固定不变的。当产品规格有所变化时，他们就换一副新的上下刀轴，换刀速度很快，产品质量也比搭配式的配置要好。正因为它们的规格固定不变，行内称它为组合刀，俗称“死刀”。虽然“死刀”的理念不错，但大部分企业在使用中还存在一个很大的问题，那就是在磨刀时，他们把装在上下轴上的整套工具组件都一起放在磨床上磨，这就派生出了两个问题：

（1）胶环无法用适用于它的大气孔砂轮来磨。在这种情况下，不仅胶环磨不好，刀也磨不好。

（2）胶环的直径无法和圆刀保持一定的差别，在裁切某种厚度时，无法及时地将带料推出裁切区，带料边部就很容易形成波浪形。

为此，建议对这种“死刀”的刀和胶环要从刀轴上拆下来单独磨，即使有些场合，胶环的外径和圆刀外径相同，也要如此磨。当然拆开后的磨法和装法，都要按原样有序地进行。

## 83. 选择刀具外圆磨床时要考虑哪些因素？

刀具外圆磨床的选择和选圆刀一样，无非是从需要和资金能力两个方面来考虑，但尽可能要自己装备。在有冷轧设备的企业，可考虑把轧辊磨床用来磨刀，两者合在一起，可节约投资。但磨刀轴一定要短些，以增加磨削系统的刚性。在磨刀时不要怕麻烦，采用短磨刀轴，就一定要移动磨床的尾架。在选用磨床时一定要满足刀具磨削规范的要求：如砂轮转速，工件在轴向和径向的最大和最小进给量。磨床的精度也很重要，磨刀轴装在磨床的两顶针上，其前后两端的轴向跳动及整个长度的直线性都应在 0.003mm 以内。另外，磨床必须要有砂轮平衡装置。

## 84. 为何磨床的新砂轮在装到磨床上前一定要矫平衡？

磨床是一种高速加工机械零件的精密设备，而其砂轮装置又是它的核心部件。因砂轮的磨削速度都在 30～60m/s，砂轮的转速通常为 2000～3500r/min 左右，加上砂轮直径又大，因而任何的不平衡都会造成机床的振动，从而影响磨削质量和机床的寿命，所以砂轮的平衡是十分必须的。图 39 是一台带自动平衡机构的砂轮装置，这当然比较高级，但即使没有这样的机构，新砂轮上机前也必须要矫平衡。

图 39　带自动平衡机构的砂轮装置

## 85. 怎样磨削钢厂中的一些大型刀具？

钢厂中刀具的品种十分繁多，因而磨削方式和要求也各不相同，但归纳起来，也不外乎三类刀片。

（1）切边圆刀。因钢厂中的切边圆刀常切一些厚料，而且是一种初剪，其精度要求往往并不很高。另外，有些圆刀的厚度特别厚，目的就是让钢厂用磨圆刀侧面的方法来修磨刀刃的。尽管其精度要求不高，但绝不能用平面磨床去磨。如前所述，只有用工作台旋转的卧轴磨床才能保持它的轴线和平面的垂直，才能减少装刀后的跳动。

（2）所有直刀。这些直刀包括切平张料的飞剪和横切刀、中厚板的切头切尾刀、卷料钢板接头焊接处预剪刀等。对直刀的磨削，一定要注意以下几个问题：

1）对横截面小，其直线性已失准的长刀，一定要在磨前加以矫直；

2）要用立轴磨床，即用立轴砂轮，或砂轮块的端面来磨；不能用砂轮外圆的周边磨；

3）冷却要充分，冷却水要直接冲到磨削区；

4）对大截面的热轧用刀，要注意其刀背后有否污垢。如有污垢，一定要将其磨去，否则会影响刀片前刀面和背面的平行度，继而影响上下刀刃间的间隙。这种刀垢产生的原因是：因这种刀的背后常有垫片垫在刀背和刀鼓槽前面中间，以补偿刀刃的磨削量，恢复其原来的位置。这种垫片常由好几块组成。一旦垫片之间未能互相靠紧，热轧机上的冷却水就会进入垫片缝间。这些水在900℃左右的高温下不断地蒸发，不断地进入，如此循环，最后在刀背后的垫片缝间留下了人的肉眼难以觉察的小疤痕。这样的小疤痕有的竟有0.5mm那么高，当刀被搁在磨床台面上时，它就会形成杠杆那样的支点，使刀的一头翘起来，好像是刀的底面不平似的。如操作工不加注意，将压板硬压下去，一旦螺丝松掉，磨直的刀刃就会变弯。

（3）对热轧钢板带弧形刀刃的切头刀和切边刀。为了使热轧机的轧辊，以及让切边刀较容易地咬入前来的厚钢板，热轧机的切头刀、某些横剪，以及双边剪的切边刀的刀刃常是弧形的。热轧机的上刀为凸弧形，下刀是凹弧形；某些横剪和双边剪的上刀是凸弧形，下刀是直刀刃。而这样的刀刃还常常带有后角，所以这样的弧形刀刃实际上是三维的曲线，见图 40。

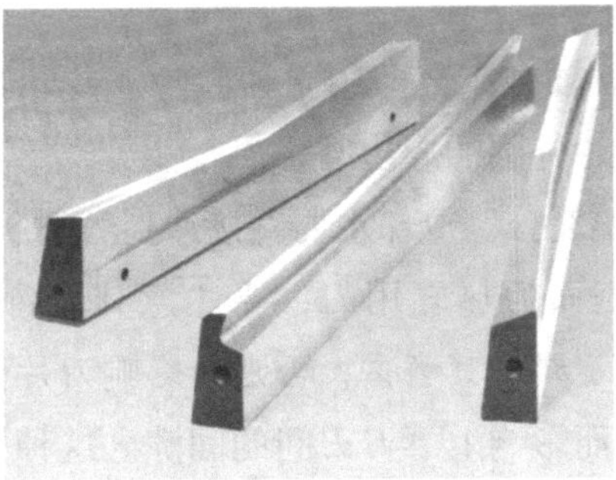

图 40　带圆弧刀刃和后角的三维曲线切头刀

它们的纵向圆弧半径常为 2.5m 左右，而后角的圆弧半径要达到 20m，而且上下两条弧形要能精密匹配、耦合，因此有些刀片厂靠用手工打磨是不行的，所以钢厂需备一台很精密的三轴联动数控磨床，从而能磨出精确的上下两刀的凹凸弧形及其后角。当然，也有的磨床是用弧形模板，但模板不够精确，而且不能变化。图 41 和图 42 分别是带凸形弧刀

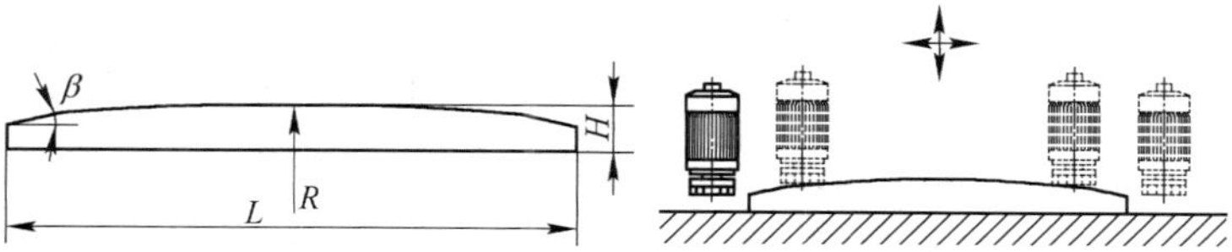


图 41　带凸形弧刀刃的上刀及其磨削

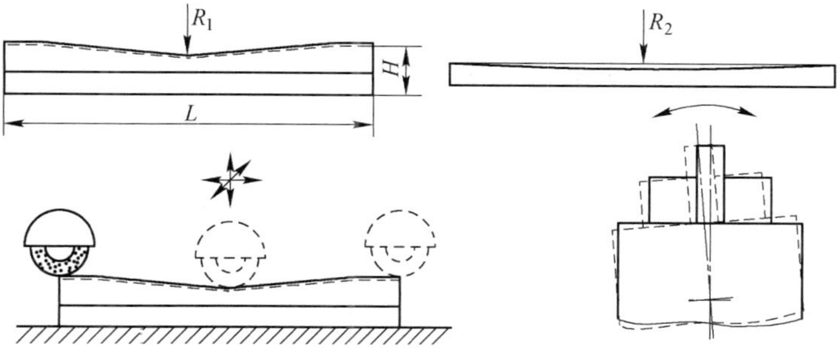


图 42　带凹形弧刀刃的下刀及其后角的磨削

刃上刀和带凹形弧刀刃下刀的磨削图。图 43 是德国 Reform

图 43　德国 Reform 公司生产的全自动三维弧形刀刃磨床

公司生产的全自动三维弧形刀刃磨床。除了在纵向能磨出小圆弧曲线出来，它在刀片截面方向走刀时，也能完成弧形动作，实现三维磨削的要求。这种磨床的另一个优点是，它在首次对刀正确起磨后，磨床完全按输入程序指令磨削，直到程序结束，刀片磨好为止。因此，这种磨床也称傻瓜磨床。

## 86. 如何磨边料破碎刀？

因边料破碎刀的形式不同，刃磨的方式和要求也不同。一般情况下分为两种：

（1）椭圆刀刃的磨削。这里分三种情况：

1）对称形，薄片镶嵌式椭圆刀刃的磨削。这种刀片是薄片形的，放在刀体槽中，用楔块将它固定在刀槽中。这种薄片刀一般是被放在平面磨床上磨前刀面，但不磨外圆。尽管磨平面是最简单的工艺，但它的关键是怎样控制刀刃的磨削量，保证它们重新装在刀轴上后，左右破碎刀各条刀刃的分度仍然正确，在啮合时的间隙仍能保持一致和恒定。因此在磨刀前，首先要了解破碎刀原先的三个或四个刀刃的间隙是否正确和一致。如果不一致，必须在刃磨中将其修正过来；如果一致，那么一组刀就可放在平面磨床的台面上一起磨削，并磨去相等的量。因为破碎刀的三个或四个刀刃分布在360°的圆周上，任意一个刀刃位置的调整变化都会影响前后刀刃的间隙。因此在修整时，首先要找到一对间隙正确，而又是最大的刀刃副，其他两个或三个间隙都比它小，而且要用厚薄规分别量出它们的间隙，那样才有可能来重磨所有刀刃。如不能用厚薄规来量，那也可用电器中的软保险丝塞到啮合缝中，经滚压变薄后量出它们的厚度，即刀刃的间隙。这也就是调整刀片分度的概念。

2）对称形、三角形瓦片外嵌式椭圆刀刃的磨削。这种刀是三角形瓦片状的刀，它三片一组，或四片一组，用螺钉固定在刀轴上。这种三角形的刀在重磨时，一定要注意刀刃的斜角。如果刀刃的斜角不对，那么在一副刀刃的全长范围内，及几副刀刃的间隙也都会不同。因此必须设计一副良好的夹具，保证刀刃有同样的基准，将磨好的刀片装到刀轴去才能正常地工作。

3）对非对称椭圆刀刃，因为它们在设计原理上已存在刀刃的间隙误差，它是无法磨好的。

（2）整体螺旋线刀刃的磨削。这里又分两种情况：

1）整体螺旋线刀刃的磨削。整体螺旋线刀刃的磨削和椭圆刀刃的磨削完全不同。它需要整体重磨，而椭圆刀刃肯定是将刀片从轴上卸下来，根据实际情况决定单独磨削还是成组磨削。

螺旋线刀刃的整体磨削一定要在两轴联动的磨床上磨削，才能将刀刃的螺旋线正确地磨削出来。也就是说，磨床的拖板在轴向移动时，刀体要有一个附加转动。这种联动的形成，最好是数控的，如没有的话，那只能采用有正弦尺的工具磨床。另外一个关键是分度问题，最好是电子分度头，一般的磨床只能用手动分度头来分度。

2）三角形瓦片外嵌式的螺旋线刀片。这种刀片是比较难磨的。它尽量要安排在有两轴联动的磨床上来磨，以保证各刀刃分度和螺旋线的正确性。但如刀片尺寸太大，就要设计一个良好的夹具，也尽量在两轴联动的磨床上磨削。如没有条件的话，也只能在能加正弦尺的工具磨床上磨削。

# 六、管理篇

## 87. 金属裁切企业为现场操作工要配备哪些必备工具？

生产第一线是企业运行最重要的要素，因此作为企业的领导对生产中能保证产品质量，提高劳动生产率和降低生产成本的措施都应予以支持。但作者在访问一些客户时，在现场需要某些很简单的工具，竟然要什么没什么，不知这些操作工平时是如何控制质量的。表19为现场所需的常用工具。

**表19 现场所需的工具**

| 工具名称 | 用　　途 |
| --- | --- |
| 带光源的20倍放大镜 | 用于检查带料边部毛刺，尤其是成品卷侧面剪拉分界线的均匀性 |
| 数显千分卡（Ⅰ） | 0～25mm，主要用于测量刀具、胶环铁芯、间隔片的平面精度 |
| 数显千分卡（Ⅱ） | 和外圆直径相适应的数显千分卡，主要用于测量圆刀和胶环的外径 |
| 38件3级精度块规一套 | 配合0～25mm数显千分卡测量，并测量厚度大于25mm的工具厚度 |
| 磁性表架和千分表 | 配合块规测量厚度大于25mm的工具的平面精度，测量机器的精度 |

续表 19

| 工具名称 | 用　途 |
|---|---|
| 厚薄规 | 测量较大的间隙，刀轴平行度 |
| 圆刀平面精度测量仪 | 主要用于测量刀具、胶环铁芯、间隔片的平面精度 |
| 圆刀同心度测量仪 | 主要用于测量刀具、胶环铁芯的同心度 |
| 圆刀平面抛光机 | 抛去黏附在表面的金属屑末，保持工具的精度 |
| 大理石平台 | 300mm×300mm，主要用于测量刀具、胶环铁芯、间隔片的平面精度 |
| 铸铁平台 | 300mm×1000mm，主要用于测量板形和带料裁切后的侧面弯曲度 |
| 装刀用过渡小车 | 保护裁切工具在从刀库到装刀点的运输途中免受碰撞 |
| 计算机 | 用于配刀软件和日常工艺、生产数据的记录 |

## 88. 对防锈油和其他耗材的采购和使用有何要求？

A　防锈油

防锈油的防锈机理并不简单，成分很复杂，品种也很多。为从实际出发，对精密圆刀和工具的防锈，推荐采用薄层防锈油，它是以基础防锈剂、多种高效缓蚀剂、助剂、成膜剂、抗氧化添加剂等配制而成，符合日本 JISK 2246—80—NP8 标准及美军 MILG 3503—63 标准；它不含亚硝酸根离子、六价铬离子，安全、环保，对皮肤没有刺激。它适用金属工具和零件长期封存防锈。防锈期因环境、湿度、腐蚀性成分的差异而不同，但在专用仓储条件下，通常可使工件防锈期达到 1.5～2 年。

a　薄层防锈油的主要性能

薄层防锈油的主要性能如下：

（1）产品性能稳定，不会变质，具有优良的抗湿热和抗盐雾性能，润滑性极佳。

（2）黏度适中，油膜薄，涂敷面积广，不需其他溶剂稀释，对复杂结构的机械组件、零件使用特别方便，能够深入到一般防锈油难以到达的细缝中。

（3）流动性好，透明度高；溶剂挥发后，形成一层透明、致密性好、附着力强、防锈性能好的软薄膜，保持金属原色，防止金属锈蚀。

（4）形成的防锈膜不会硬化、起皮和龟裂。

b　薄层防锈油的主要技术指标

薄层防锈油的主要技术指标如表 20 所示。

**表 20　薄层防锈油的主要技术指标**

| 序号 | 产品名称/型号 | 薄层防锈油/RSB—602 |
|---|---|---|
| 1 | 外　观 | 橙黄色透明液体 |
| 2 | 物理稳定性 | 无沉淀、无分层、无结晶物析出 |
| 3 | 密度/$g \cdot cm^{-3}$ | $0.80 \pm 0.05$ |
| 4 | 黏度(40℃)/mPa·s | 1.5 |
| 5 | 闪点/℃ | ≥49 |
| 6 | 材料相容性试验 | 对黑色金属、有色金属、玻璃、搪瓷、塑料无影响 |
| 7 | 使用温度/℃ | 常　温 |
| 8 | 喷涂性（5±1℃） | 油膜连续 |

续表 20

| 序号 | 产品名称/型号 | 薄层防锈油/RSB—602 |
| --- | --- | --- |
| 9 | 不挥发物(质量分数)/% | 18 |
| 10 | 扩散面积/$m^2 \cdot kg^{-1}$ | 11 ~ 15 |
| 11 | 膜厚/mm | <0.0003 |
| 12 | 湿热试验(45 号钢) | 0 级(15d) |
| 13 | 盐雾试验(45 号钢) | 0 级(3d) |
| 14 | 封存防锈试验(45 号钢) | 1.5 ~2 年无锈 |

c　薄层防锈油的使用方法

薄层防锈油的使用方法如下：

(1) 使用薄层防锈油时应详细阅读产品使用说明书，并在专业人员指导下进行使用。

(2) 涂油之前必须将金属清洗干净，表面不得有污物和水分，涂油时必须戴橡胶手套，以防止手汗、手印等影响防锈效果。

(3) 薄层防锈油在常温下可采用浸泡、喷涂、刷涂等方式来使用，必须保证金属表面均涂上防锈剂且油膜均匀。

(4) 将处理好的工件直接放入防锈油中浸泡 1 ~ 3min，提出并在槽液上空沥干 30s，干燥，密封包装。使用时必须注意油品要完全浸没工件并高出一定高度，且操作工场要有良好的通风条件。

d　注意事项

(1) 盛装本产品的容器与管线必须洁净，不要与其他溶剂混用。

（2）如遇明火、高热会引起燃烧，与氧化剂接触发生化学反应或引起燃烧。故不要在接近明火、高热或点火源的地方储存、打开或使用。避免高温阳光直射，使用场所请做好防静电措施。

（3）防锈油在储存和停止使用时，应加盖密封，以免溶剂挥发损失。

（4）工作现场严禁吸烟。使用本产品的工作场所要配置完备的通风设施，要求通风良好，减轻环境压力、保证人员健康。

e　废油处理

废油液应专桶收集，并交由政府许可的回收商回收。

B　其他耗材

对其他耗材并没有特别要求，唯一的要求就是干净，无杂质。对油品，车间里用过之后可以沉淀过滤后再用，但在最后一道装刀时，最好使用新的。对回丝、刷子等清洁工具也希望妥善保管，绝对不要乱丢乱放。如这些油中、刷中、回丝中含有一点垃圾，这些垃圾的尺寸都是几十个微米，粘在工具表面上，就会严重影响配刀精度。但作者在用户的车间里，经常看到操作工用的是：破饭碗中的润滑油，丢在地上的脏回丝，粘满垃圾的刷子和有沉淀物的汽柴油。这样的工作习惯、环境与板带的精密裁切是绝不相称的，必须杜绝。表21是对耗材采购的基本要求，仅供企业参考。

表 21　耗材采购的基本要求

| 耗材名称 | 基本要求 |
|---|---|
| 防锈油 | 见表 20 |
| 回　丝 | 最好是白色，干净，表面无游离纤维 |
| 柴油或煤油 | 低档即可，但要无杂质。容器要能密封，能配过滤器，过滤后回收使用 |
| 雾状润滑剂 | 罐装即可 |

## 89. 刀具管理的正确理念和方法？

金属板带裁切行业中有一种弊病，那就是重项目而轻设备，重整机而轻配件，重购置而轻管理。这样的工作思路会严重影响项目效益的充分发挥，也是阻碍我国金属板材加工行业从大国走向强国的一个重要原因。据称，我国金属带材裁切成品率仅为 83%，而发达国家带材裁切成品率高达 95%，其中很大一部分原因与刀具的采购、使用和保管有关。为此，作者呼吁在刀具管理上要有以下正确的理念和方法：

（1）精密裁切刀具是保证产品质量、提高劳动生产率、降低生产成本的最重要备件，应从采购开始，到使用、保管、磨削都要予以全过程管理。

（2）要予以全过程管理，就必须订立各有关环节的规章制度，并要严格执行。

（3）订立了规章制度后，就要对操作人员进行培训、检查和考核。

（4）所有有关裁切方面的理论、数据、经验都是供参考的，重要的是本企业要自身积累经验，这就需要加强生产工艺和产品检测中所有数据的记录。只有长时间的数据积累，才能真正找出本企业生产中规律性的要素来，从而真正地去指导生产。也只有这样，那些经验才能成为全公司的财富，而不会垄断在个别人手中。

（5）建议仍然实行严格的全面质量管理，从表面的质量问题开始着手，群策群力，按鱼刺图的办法顺藤摸瓜，由表及里，追溯问题的根源，从而解决问题。

（6）极需加强现场管理，搞好文明生产，清洁生产，节奏生产。脏乱的生产环境绝不能生产出高质量的板带来。

## 90. 怎样降低企业的用刀成本？

在回答这个问题前，我们必须明确企业用刀成本的概念。从广义的角度而言，企业的用刀成本不只是刀具的直接采购费用，实际上它还应包括以下一些：

（1）因质量不佳，使用寿命短而增加了刀具的使用量及相关的磨刀费用；

（2）因经常换刀而增加的停机损失，从而使劳动生产力大大下降；

（3）因经常换刀而带来的人工损失和试料损失的增加；

（4）因刀具质量不佳而造成产品质量档次的降低，从而带来售价的损失；

（5）因质量档次的低而带来市场的损失。

从以上分析看，刀具的直接采购费用实际是很小一部分，因采购质量不佳的刀具而带来上述五个方面的损失，可能远远高于高质量刀具的采购费用。所以从这一角度而言，我们从事金属板材分条的企业一定要转变观念，以适合自己企业的发展目标为出发点，以性价比为原则，来选购刀具。一味追求低价格刀具是会给企业带来损失的。

从技术角度分析，降低用刀成本的办法有以下几种：

（1）必须加强刀具的管理，避免刀具生锈；

（2）合理安排刀具磨削，尤其是合理安排胶环的磨削；

（3）条件允许的话，多买一批刀片，如 200 片，乃至 500 片，以延长橡胶环的使用寿命；

（4）可尝试修复用旧了的橡胶环；

（5）使用软件配刀，减少配刀时间，及时调整间隙，提高材料利用率；

（6）因每把圆刀有两条刀刃,要做好记号。在刚使用新刀时就只用一条刀刃,待这条刀刃用钝后,再起用另一条刀刃；

（7）刚用新刀时只切薄料，在用了一段时间后，转为只切厚料。

## 91. 怎样布置一个好的配刀房，配刀房有哪几种形式？

如条件允许的话，每个金属板带裁切企业都应有一个配刀房，以免灰尘、潮气侵蚀价格非常昂贵的工具，从而影响裁切精度。

配刀房一定要符合以下要求：

（1）房内有足够的刀架和刀位，以储存所有工具。

（2）为方便找到有关工具，刀架要分区置放，分为刀片区、胶环区、间隔环区、定距环区等。对每个储存架也要划出区域，并设有标记，按顺序储放不同厚度的刀片、胶环、间隔环、定距环等。特别是对胶环，它们还要按颜色分开储放，以区别不同的外径。

图 44 是作者推荐的一种简易刀架。它结构轻巧，制作简单，移动方便，可随意吊挂在钢条网上。前面还焊有标记牌，便于操作工找刀。

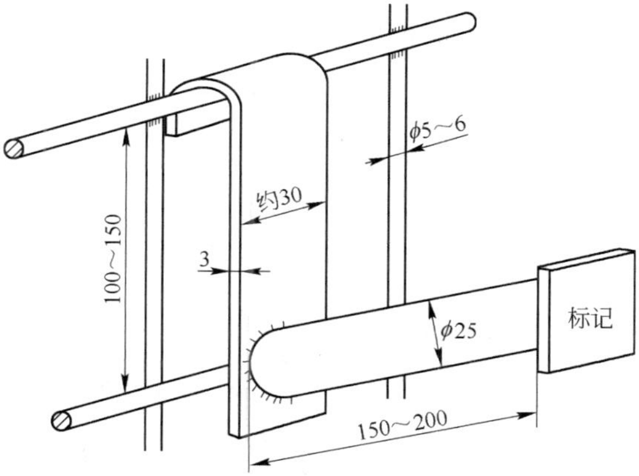


图 44　轻型刀片吊架示意图

（3）最好还要有隔离架，专门储放那些要修复、要重磨、要在以后再使用而暂不报废的工具。

（4）要有专门的通道，或从天花板，或从大门，让要换刀的刀头送进来，一旦进来后，就把门关上，避免灰尘进来。

（5）要有过渡工作台，以便临时储放从刀轴上拆下来的工具和经软件配置的、要装到刀轴上去的工具。

(6) 配刀房内最好有一辆过渡小车，以连接储刀架和过渡工作台，把架上的工具先放到小车上，再转放到过渡工作台上。

(7) 配刀房的温度和湿度要恒定，因此配刀房一定要装空调机和去湿机，保持室内温度在摄氏 20～25℃左右，湿度在 50%左右。如有条件，房内可装一小鼓风机，鼓风机不停地旋转，维持房内正压，不让配刀房因昼夜温差变化而把灰尘吸进来。

(8) 配刀房内要有足够的照明。

(9) 配刀房的外面最好设一间小办公室，与配刀房隔离。这样可使配刀房处于常闭状态，不受人员的进出和来往的影响。

(10) 配刀房要尽量靠近分条机。

(11) 配刀房一定要有规章制度。

配刀房有哪几种形式？下面三张照片分别介绍了几种不同型式的配刀房，有安置在现场的（见图 45），有室内专用

图 45　现场的刀库布置

的（见图46），也有装备水平很高的，像自控型立体仓库的（见图47）。尽管形式不同，但原则是：干净、方便、适用、因地制宜。

图46　室内的刀库布置

图47　自动立体式刀库

## 92. 配刀房应有哪些规章制度？

配刀房规章制度看似简单，但企业执行起来并不容易，因此制度重在严格执行。以下是有关配刀房规章制度：

（1）配刀房必须有专人负责；

（2）闲人、闲物绝不允许进入配刀房；

（3）配刀房内不能吃饭，不允许干与配刀不相关的事；

（4）每天应有人记录室温和湿度；

（5）每周有人检查刀面生锈情况，并做好记录；

（6）刀片进出配刀房必须有记录，记录内容包括数量、规格、取出目的（如生产用，磨刀用等）；

（7）每周有人清点刀的数量，核对库存量和取出量，要账物相符；

（8）拆下的工具必须立即清洗、上油、上架，不能拖延；

（9）工具必须轻拿轻放，不能碰撞；

（10）有问题刀片和工具要做记号，并放在隔离区。

## 93. 怎样开箱验刀？

许多新客户，因为他们没有经验，所以在开箱验刀时常会显得手忙脚乱，并造成刀具的损坏。为此作者建议：

（1）在开箱前必须先建好配刀房或刀库，否则，开箱取出的精密刀具无处放置，只好随便堆放在地上。更糟糕的是，因为有了堆放的场合，结果是临时堆放变成了永久的堆放，这是很要不得的。

（2）开箱时，必须要有一个专门的验收组，验收组必须要有以后参与刀库管理和裁切的人员参加。如有必要，要有刀具供应商一起参与清点。

（3）开箱时，务必不能让刀口和刀面互相接触碰撞。一边核对数量、规格，一边就按原划定的区域立刻上架。

（4）在数量和规格核对无误后，要用汽油或柴油洗净原来的防锈油。洗油过程中，要检查表面质量，特别是刀口有否被碰受伤。

（5）待汽油、柴油挥发干净后，立即涂上新采购的防锈油。工具表面一旦生锈，就极难恢复精度。

（6）待上面工作一气呵成后，再开始慢慢地按图抽查下面几项指标：

1）工具的尺寸精度；

2）刀片的硬度；

3）橡胶环的硬度。

（7）所有检查，都要做好记录，签字存档。

## 94. 怎样配合分条机制造商做好设备验收的准备工作？

在这方面，设备制造商肯定有他们自己一套调试的办法和程序，但因这种试车常和刀具结合在一起，因而用户也要了解这方面的知识，主动参与到设备调试中去。验收的准备工作如下：

（1）必须会同设备制造商共同完成分条机的静态精度测试。

（2）必须用直尺，最好用方杆初步量出两根刀轴的轴肩差。方杆的截面约为 40mm 或 50mm 见方，长度大约比刀片的直径大 40～50mm 即可。

（3）在了解这一偏差后，从刀片供应商所供的薄环中挑出两组薄环，使它们的差值等于这一偏差，然后装到刀轴上以抵消这一偏差。如找不到合适的，就要重做。

（4）这样做后，操作者就有条件来完成第一间隙的裁切。第一间隙的裁切是今后一切裁切的基础，因此必须反复摸索，考验两组薄环差是否准确。第一间隙不能一次成功就把这两组薄环作为永远的修整环，因为第一间隙的裁切还包含了所选裁切间隙是否正确的因素，它会使你对偏差做出误导。因此，只有在不同的间隙下，把不同厚度的板料多次试切过后，证明所选间隙是对的，那时才能把两组薄环固定下来，永远用作轴肩偏差修整之用。

（5）以上工作做完后，才能按原合同要求作全机调试和试生产。

（6）调试中所需刀具和工具，必须严格按配刀软件要求的规格和数量有序拿出，拿刀时一定要有人核对，绝不要多拿或少拿。万一多装或少装一片，万一装错一片，都会使刀刃碰伤。

（7）调试中（包括以后装刀）都要绝对保证刀片和其他工具两面的清洁干净。因为任何垃圾，灰尘、油腻、纤维都会严重影响裁切精度。如有必要，就再用汽油洗净，涂上润滑油后装刀。

## 95. 圆刀在裁切有色金属薄板时，为何在周边会粘上有色金属的碎屑？怎样处理？

凡是金属裁剪企业，都会遇到圆刀表面在裁切过程中，因冷焊而黏附上许多金属粉末和垃圾而无法清理的棘手问题。此外，圆刀、橡胶环铁芯、间隔环的表面也会遇到生锈的问题。这些金属粉末、垃圾和锈蚀会严重影响刀具的平行度、平面度和厚度公差，从而影响产品的裁切质量，同时也大大降低了工具的使用寿命，增加了生产成本。虽然某些企业采取了不少办法来解决这些问题，但收效甚微。为此，各金属裁切企业都需添置一台精密圆刀平面抛光机。该机的主要功能是利用机动抛盘带动工件在高细粒砂带上旋转，从而去除这些金属粉末、垃圾和锈斑。因砂粒细，所抛时间短，频次少，圆刀和工具在抛后能恢复原有精度，但使用时必须十分当心，压力由低开始，逐步增大，时间由几秒开始，逐步拉长，那样刀片的尺寸就不会有太大变化。即使多次清理，也是如此。但使用不当的话，精度会受到严重影响。这里要提醒用户的是：抛光机毕竟是辅助手段，主要还是要靠严格的刀具管理，装刀前，卸刀后都要认真的擦拭、上油，绝对防止生锈，必须要养成习惯。下班后，绝不能让刀片在车间里随便过夜，如暂时不入库，也要擦净上油，待明日再用。

国内现有两种型号抛光机，一种是进口的全自动型的，抛光尺寸大。另一种是作者本人设计的，是经济型的，省去了进口设备中一些不必要的功能，抛光尺寸也小些，因此结构简单，成本低，很适宜于中小型金属加工企业使用。下面两张照片分别是抛光机（见图 48）和圆刀被抛前后表面质量的对照情况（见图 49）。

## 96. 国内外有哪些较好的分条机制造商?

表 22 和表 23 所示为活跃在我国金属板材裁切行业的国内外一些分条机制造商。或许不少企业对他们都非常熟悉，而且有良好的合作关系，完全不必介绍。但对某些金属板材裁切企业，将他们列出来还是有所帮助的。

图 48　圆刀平面抛光机

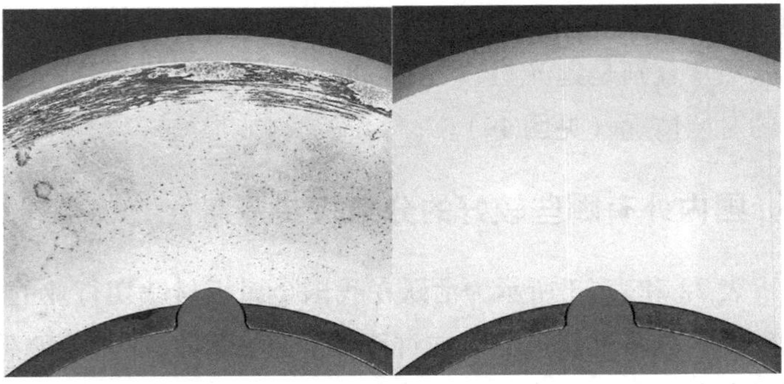

图 49　同片刀具在抛光前后的表面质量对比

**表 22　国外分条机制造商**

| 序号 | 公 司 名 称 | 产品主要应用方向 |
| --- | --- | --- |
| 1 | 意大利达涅利佛罗林（Danieli Frohling） | 有色金属板材 |
| 2 | 德国 B&S | 有色金属板材 |
| 3 | 德国乔格（Georg） | 变压器行业硅钢片 |
| 4 | 意大利费米（FIMI） | 钢铁工业 |
| 5 | 西班牙法格塞达公司（FAGOR） | 钢铁工业 |

**表 23　中国（包括台湾地区）分条机制造商**

| 序号 | 公 司 名 称 | 产品主要应用方向 |
| --- | --- | --- |
| 1 | 西北机器有限公司专业设备一厂 | 有色金属板材和不锈钢 |
| 2 | 洛阳科技股份有限公司（洛阳有色院） | 有色金属板材 |
| 3 | 辽宁省机械研究院有限公司（辽机院） | 有色金属板材 |
| 4 | 辽宁冶金技术装备设计研究所 | 有色金属板材 |
| 5 | 西安中国重型机械研究院 | 钢铁工业 |
| 6 | 西安启源机电装备股份有限公司 | 变压器行业硅钢片 |
| 7 | 昆山斯来特冶金科技有限公司 | 有色金属板材 |
| 8 | 无锡市同维机电制造有限公司 | 有色金属板材 |
| 9 | 上海威台机械（上海）有限公司 | 有色金属板材和钢铁工业 |
| 10 | 南京轻工业机械厂 | 有色金属板材和不锈钢 |
| 11 | 福州坤特冶金设备有限公司 | 有色金属板材 |
| 12 | 台湾威泰钢铁股份有限公司 | 钢铁工业 |
| 13 | 台湾荣华机械厂股份有限公司 | 钢铁工业 |

## 97. 高精度带材边部进一步处理有哪些方法?

从理论上讲，任何金属板料，在最精密的分条机上，用最精密的刀具来裁切，其边部总会留下一些毛刺的，无非是毛刺的高度能否符合产品标准和下游产品加工的要求。如精密裁切后的毛刺还不能达到用户的要求，那么就只能采取其他办法来进一步处理了。图 50 ~ 图 54 就是这些方法的照片，它们是:

(1) 边部滚压。边部滚压，就是在分条机中添加滚压装置，利用分条机自身的卷放机构产生的张力，来带动带边的滚轮，从而达到消除毛刺的作用。对有活套的分条机，则要在活套前添加张力辊，以产生必要的张力。该装置的优点是:

1) 能装入现有的分条机中，避免了较大的设备投资、动力、场地消耗;

图 50　轻型带料边部滚压机

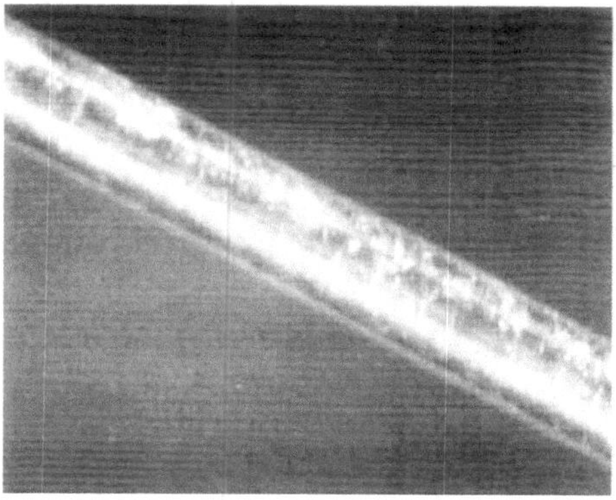

图 51　在放大镜下所看到的不锈钢带料刮后的全圆边照片

图 52　厚 0.25mm 速度为 200m/min 的
不锈钢带边部处理线（全圆边）

2）能多条板带同时加工，大大提高了生产效率；

3）无刮削后的切屑处理；

图 53　速度为 200m/min 的铜带边部刮削机（全圆边）

图 54　厚带料边部铣削机

4）工具磨损小，不需润滑油；

5）对速度不敏感；

6）不会产生平面弯曲。

该装置的缺点是：

1）不适合薄料和硬料的加工，也不能进行全圆边加工，只能去除毛刺；

2）滚压后的带料，边部会有些增厚，面上会有些碎片脱落。

因此它只适合那些要求不高的带材的边部处理。图50是这种装置的照片。

（2）边部刮削。边部刮削需要专门的卷放装置、张力调节装置，必要时还要对中装置，以成线的状态，让金属卷料能在有控状态下，从开卷机平稳地运行到收卷机那儿重卷起来的过程中，用多片刀片来连续刮削带料的边部。用这种方法，能将边部处理成各种形状，包括倒角、直边、全圆边等要求。在刮全圆边时的工艺过程大致如下：

刮直边→刮上面45°倒角→刮下面45°倒角→刮上面22.5°倒角→刮下面22.5°倒角→刮上面67.5°倒角→刮下面67.5°倒角→在边部基本成半圆形后，用滚轮轻压。从这个过程看，在机器的单侧大约需8~9个工作站。

边部刮削的优点如下：

1）它既能刮厚料，又能刮薄料；它既能刮硬料，又能刮软料；

2）能给带料边部刮出各种形状来；能满足最精密的要求；

3）在边部处理后，没有金属剥落；不会使材料边部增厚；不会产生平面弯曲；不会产生冷作硬化现象。

图51是在40倍放大镜下所看到的，刮0.25mm厚不锈钢带料全圆边的照片，表面达到了镜面的状态。

边部刮削的缺点如下：

1）要单独成线，增加生产环节，投资昂贵，动力消耗大，要单独生产场地；

2）需要润滑油，要处理切屑。

（3）边部铣削。它是利用传统的大圆盘铣刀来铣削板料的直边和倒角。因为它去除的金属屑料比较多，因而它常用于厚条料的处理，如制造钢管的带料，其两边必须先铣出斜面，让带料成形后有良好的焊接坡口。正因为它是一种不连续的切削，因而它的加工表面光洁度差，不适合高速加工。在铣削时还需要润滑油。如要铣有轮廓面的侧边，调整很困难，除非它装了电子铣头定位装置，才能克服这一难点。图54是厚带料边部铣削机的照片。

## 98. 在板带精密裁切中，还有哪些保证产品质量的先进技术措施？

（1）在分条机上方加设润滑装置。据了解，国外在对某些特厚板带，或对带材边部质量有特别高要求的分条机上，已加设了喷雾润滑装置，这可减少圆刀在裁切时的摩擦力，从而改善了毛刺和边部光洁度。见图55～图57。

图 55　装在分条机上方的润滑装置

图 56　单个喷头喷油雾时的情况

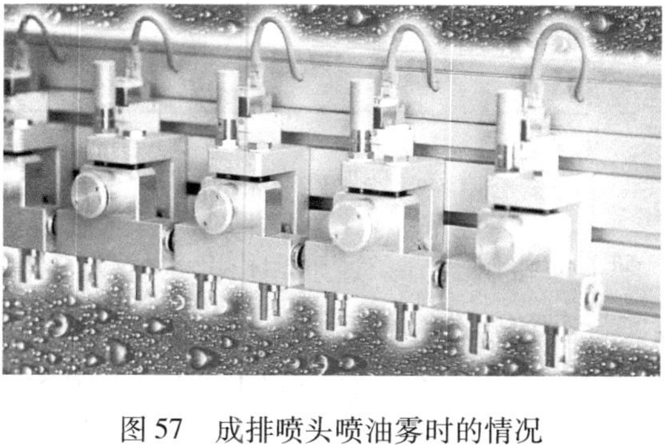

图 57　成排喷头喷油雾时的情况

（2）在冷轧机上添置激光厚度测量仪。在生产中也常有这种情况，有些分条的质量问题并非是分条机本身所造成的，而往往是前道工序，特别是冷轧板的板形不好，而板形不好的实质问题就是板料在纵横向的厚度不均匀，高低不平。如果出冷轧后的板料厚度不均匀，一旦在分条机上被剪开后，各个带条的长度就会不等，其张力也会不等，而与此相反，此时分条机上个各辊，包括卷取辊的速度却是相同的，在这样的情况下，卷取轴上的各料卷就卷不出好的质量来。因此，在冷轧机上添置激光厚度测量仪是很有必要的，如图 58 所示。

图 58　激光厚度测量仪

（3）配上非接触式分条速度和长度测量仪。为了了解成品卷的真实长度和分条机在工作时的速度，配上非接触式分条速度和长度测量仪也是很有必要的，如图 59 和图 60 所示。

图 59　非接触式分条速度和长度测量仪

图 60　非接触式分条速度和长度测量仪的测量头

（4）使用无线数字传输式游标卡和千分表。在我国，数字式游标卡和千分表已十分普及，但在国外已有了无线数字传输式游标卡和千分表。当游标卡和千分表测量工件时，它会把所测数据，通过信号传递，传到计算机内，并储存起来，这大大地提高了工作效率和测量精度，如图 61 所示。

（5）利用金属带材表面质量检测系统。随着金属板材加工行业的快速发展，金属带材加工企业对产品质量和生产效率两方面均提出了越来越高的要求。美国 Cognex 的 SmartView Metals 所生产的表面质量检测系统，能提供带材在线实时缺陷检测，进行缺陷识别，提供可视图像，并对缺陷进行自动分类。它能检测出带材表面 100 多种物理缺陷，包括辊印、氧化铁皮压入、划伤、拉矫纹、擦伤、边部裂纹、横折

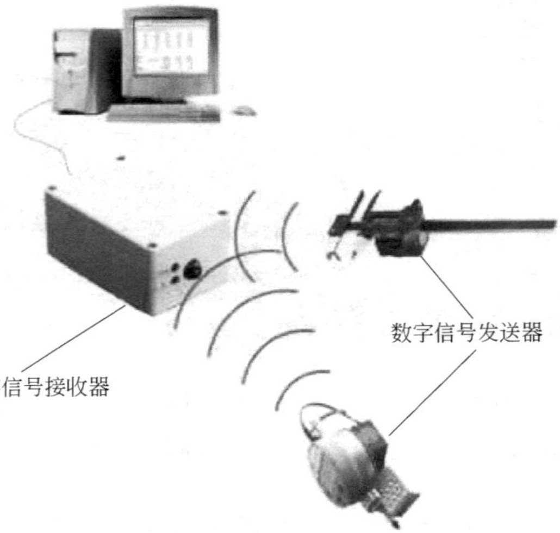


图 61　无线数字传输式游标卡和千分表

印等，并能检测出连续缺陷和周期性缺陷，对严重缺陷进行在线实时报警、系统自动记录、在线显示缺陷的位置、数量、尺寸、图像等。所有记录的特征值和图像也可用作进一步的离线分析。根据检测结果，可对产品质量进行分级管理，对有局部缺陷的带卷作进一步的处理，剔除不合格的部分，以提高带卷的成才率，同时避免不合格的产品出厂遭遇退货和投诉的损失。最终的目的是，根据检测的结果，对产生缺陷的原因进行分析，排查工艺设备上的错误源，以彻底杜绝缺陷的进一步生成。

有关它的基本工作原理见图 62。

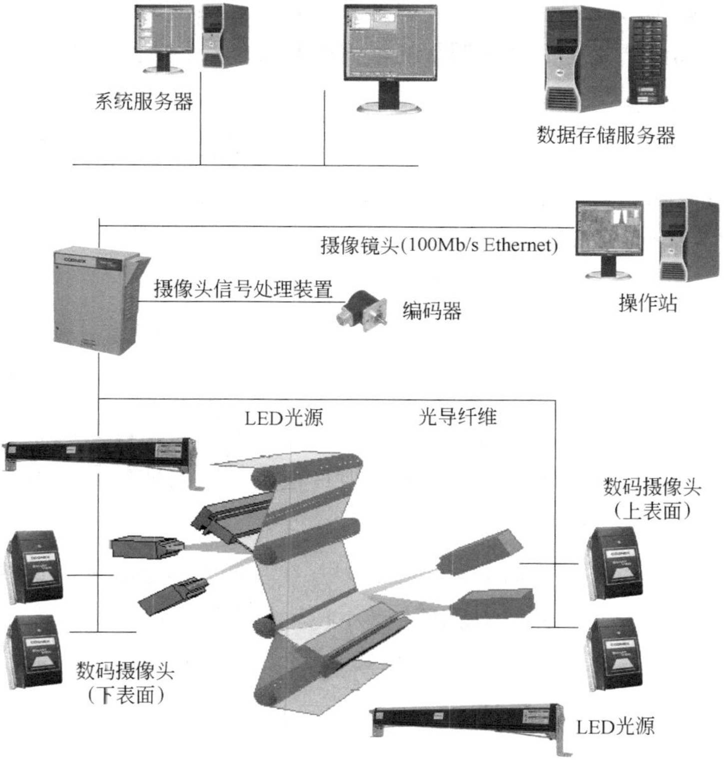


图 62　表面检测系统图

## 99. 在金属板材裁切中哪些是企业所必须记录的生产和工艺数据？

在金属板材裁切企业中，生产和工艺数据的记录是非常重要的。尽管有些数据，如刀片的间隙、重叠量、胶环的内外圆都有些公式、表格和数据可查，但它们都要根据实际情况加以调整，而这些调整的依据就是我们长期积累的生产和工艺数据。如果企业有 ERP 系统能记录这些数据，那对改进产品质量，降低生产成本，提高生产率有着不可估量的指导意义。如果企业尚未有 ERP 系统，那也可为以后建立 ERP 系统打下良好的基础。

需积累的历史数据如下：

（1）被切材料方面数据：材料的拉伸强度、硬度、厚度；

（2）生产和工艺方面数据：来料卷号、带料宽度、条数、吨位、车速、刀片间隙、刀片重叠量、胶环外径、离上次磨刀的时间；

（3）刀片重磨方面数据：刀片在半径方向磨的量、重磨的原因、是纯磨损还是因有微小裂纹、有缺口；

（4）质量方面数据：带料宽度误差、毛刺高度、平面弯度；

（5）最后要导出最佳工艺数据：

1）刀片自磨刀之后所使用的最长时间（最大吨位数、或小时数），而它仍能保证带料的质量；

2）何种材料在何种百分比时，它的间隙最佳；

3）在磨刀时，雌、雄胶环直径的最佳减放量。

以上数据都需以表格的形式记录下来，表格的形式可按企业各自情况自行设计。

## 100. 企业建立 ERP 系统的重要性?

从上面的问题可知，一个金属板材裁切企业有极其多的信息，而这些信息是随着市场销售、上游的生产、原材料供应的变化，乃至国家政策的调整而不断变化着，有的甚至是突变。这就需要企业领导层和各个职能部门随时都有快速的反应和决策能力。这就是国际上，在加强企业管理方面已实用多年的 ERP 系统，即企业（信息）资源系统（E—企业，R—信息资源，P—系统），也就是企业的自动计划系统。在这个系统完成之后，只要把有关销售计划数据及时输入，企业的总部和各个职能部门可立刻知道下列信息:

（1）要备多少料？要备哪些规格的卷料？它们的卷料号?

（2）要备哪些刀具、胶环、间隔环？数量？如不够，要买新的吗?

（3）每个订单产品的实时进展，最后完成和交货日期?

（4）各客户的应收应付款情况?

（5）任意一段时间内的材料利用率？成品率？开工率？机台利用率？停机率和问题分析?

（6）完成计划后的数据与同期，或与目标的比较?

（7）有关工艺数据（刀片间隙、重叠量、雌雄胶环的外圆）和质量指标的关系?

（8）对某些重要生产因素的变化可随时报警，如原材料库存短缺、价格暴涨、成品率大幅降低等。

这样的 ERP 系统会给企业带来极大的好处:

(1) 及时获得各种销售、生产、财务、质量等方面必需的信息;

(2) 能全面获得这些信息，以及和历史数据的纵向比较，帮助领导层做出正确的决策;

(3) 及时发现各种影响生产的问题，调整工艺，完善整个生产系统，应对市场需求;

(4) 减少大量的人工操作;

(5) 经济效益能大幅提高，企业形象能大幅提升。

如果暂时没有条件上 ERP 系统的单位，应有远见地早日做好准备工作，在各个小系统内实现计算机管理，为早日全面地实施 ERP 系统做好充分的准备。

# 冶金工业出版社部分图书推荐

| 书　名 | 定价(元) |
| --- | --- |
| 铝加工技术实用手册 | 248.00 |
| 铝合金熔铸生产技术问答 | 49.00 |
| 铝合金材料的应用与技术开发 | 48.00 |
| 大型铝合金型材挤压技术与工模具优化设计 | 29.00 |
| 铝型材挤压模具设计、制造、使用及维修 | 43.00 |
| 镁合金制备与加工技术 | 128.00 |
| 半固态镁合金铸轧成形技术 | 26.00 |
| 铜加工技术实用手册 | 268.00 |
| 铜加工生产技术问答 | 69.00 |
| 铜水(气)管及管接件生产、使用技术 | 28.00 |
| 铜加工产品性能检测技术 | 36.00 |
| 冷凝管生产技术 | 29.00 |
| 铜及铜合金挤压生产技术 | 35.00 |
| 铜及铜合金熔炼与铸造技术 | 28.00 |
| 铜合金管及不锈钢管 | 20.00 |
| 现代铜盘管生产技术 | 26.00 |
| 高性能铜合金及其加工技术 | 29.00 |
| 薄板坯连铸连轧钢的组织性能控制 | 79.00 |
| 彩色涂层钢板生产工艺与装备技术 | 69.00 |
| 连续挤压技术及其应用 | 26.00 |
| 金属挤压理论与技术 | 25.00 |
| 金属塑性变形的实验方法 | 28.00 |
| 复合材料液态挤压 | 25.00 |
| 型钢孔型设计(第2版) | 24.00 |
| 简明钣金展开系数计算手册 | 25.00 |
| 控制轧制控制冷却 | 22.00 |
| 金属塑性变形力计算基础 | 15.00 |
| 板带铸轧理论与技术 | 28.00 |
| 高精度板带轧制理论与实践 | 70.00 |
| 小型型钢连轧生产工艺与设备 | 75.00 |
| 多元渗硼技术及其应用 | 22.00 |